悦读名品
make magic media

咖啡啡 时 间

聊数学

（意）毛里奇奥·科多尼奥/著

有道人工翻译组 /译

 化学工业出版社

· 北京 ·

北京市版权局著作权合同登记号：01-2018-5740

图书在版编目（CIP）数据

咖啡时间聊数学/（意）毛里奇奥·科多尼奥著；
有道人工翻译组译. —北京：化学工业出版社，
2019.11（2024.12重印）
　　ISBN-978-7-122-35256-9
　　Ⅰ.①咖… Ⅱ.①毛… ②有… Ⅲ.①数学-普及读
物Ⅳ.①O1-49

中国版本图书馆CIP数据核字（2019）第252415号

责任编辑：郑叶琳　张焕强　　　　　　　装帧设计：尹琳琳　张博轩
责任校对：宋　夏

出版发行：化学工业出版社
　（北京市东城区青年湖南街13号 邮政编码100011）
印　装：涿州市般润文化传播有限公司
787mm×1092mm 1/32　印张 $5\frac{3}{4}$ 字数96千字
2024年12月北京 第1版 第2次印刷

购书咨询：010-64518888　　　　　售后服务：010-64518899
网　址：http://www.cip.com.cn
凡购买本书，如有缺损质量问题，本社销售中心负责调换。

定　价：42.00元　　　　　　　　　　版权所有　违者必究

致安娜

我的人生伴侣

序言

　　在意大利，有78.2%的人认为数学很难，其中有42%的人甚至感到"害怕数学"。这些数字能说明什么呢？毫无疑问，大学数学确实很难，然后呢？就连泡一杯完美的卡布奇诺都不容易，每次我看到吧台的咖啡师在往咖啡里倒牛奶，然后拉出叶子或心形的时候都叹为观止。换成是我的话，我甚至无从下手。不过，我还是可以用咖啡壶泡一杯咖啡；虽然不那么完美，不那么好看，但是味道还过得去。

　　遗憾的是，现今的教育体系压抑了学生的才能，99%的学生从未投入到生活中，很多人都碰不到一位良师，能带领他们发现在日常生活中无处不在的数学。这样的话，好多人都说过，甚至已经有人对这种说道产生了厌恶，但是这也说明，我们可以不用做天书般的算术就能理解数学。也许有人会反驳说：不做算术算什么数学？在我看来，这只是逃避数学的一个借口而已。我不想老生常谈般高谈阔论数学是多么美妙；我绝对认同这一点，但是我解释不了原因。每天我们的眼皮子底下都会发生很多事情，我们很难准确地表达出来，但是我们可以用直觉去理解，并且能在喝咖啡闲聊的时候表达自己的看法。短短几分钟的时间里，我们可以谈论电影、经济和政治，尽管我们不是奥斯卡影帝或影后，不是诺贝尔经济学奖得主，也不是政治家。既然如此，那我们为什么不能在喝咖啡的时候聊聊数学呢？

本书收录了很多小推论，这些小推论会在短短几页篇章中引出，对于不精通数学的人而言也同样适用。没错，书中确实有带数字的例子，但我保证你们绝对能理解结果。另外，书中还会有一些图，但是不会太多，因为一张独立的小图起到的作用很小；可能你们还会发现一些公式，我保证这些公式纯粹是为了锦上添花，即便你们跳过这些公式，也没有任何影响。你们在搅拌咖啡或者做卡布奇诺拉花的时候就没有想过画数学图形或者写公式吗？

　　本书共分为五章。你们学生时代可能会遇到一些关于计算的问题，估计现在也忘得差不多了，"算术"这一章会对这些问题做出解答；"悖论、概率及预测"这一章收录了一些看似不可能但推敲之后又合乎逻辑的问题；顾名思义，"游戏"这一章我们会讲到一些小游戏的玩法；"畅游"这一章则会带领大家发现街上和身边的数学例子；最后，在"电脑和标准"这一章中会提及跟数学关联比较少的东西，但也有许多人认为信息技术不过是裹着外衣的数学而已。虽然有时不同章节会以不同方式对相同话题进行解读，但是每一章都是可以单独阅读的；书中有些推论可能你们早就有所耳闻，但我还是希望你们能抛开对这些推论的原始认知，重新进行理解。除了让大家体会到我在这本书中提及的数学的乐趣，我还想试着让大家直观地了解：数学的意义在于建立基本的模型，使之能或多或少应用到实际生活中；真正的挑战在于如何对我们周围的事物建立起逻辑数学的模型。知道怎么解方程和计算积分对于我们的日常生活用处不大，非得说有用的话，便是用于计算机编程。

如果对我们应该从数学中获得什么没有明确的概念，恐怕我们很容易钻进别人设好的骗局，他们会利用大量的数字和安排好的公式以及人们对数字的无知（数字文盲）来营造骗局。2012年底，在Facebook（脸谱）网站上流传着这样一则消息："昨天（意大利）参议院以257票赞成、165票弃权的投票结果通过了奇伦加（Cirenga）参议员关于为'危机中的议员们'成立基金会的提案，旨在保护即将失业的议员。基金会将会拨款1340亿欧元给任期结束后第二年仍未就业的议员。"在看完这则消息就马上转发的人中，有多少人甚至都没有计算一下选票数，选票数已经超过了参议院的总人数？抑或是算一下给不到1000名议员分1340亿欧元，平均每人分到的份额超过1.3亿欧元？与其说这是道数学题，不如说这是常识问题。如果第一个问题还不够让人震惊，那么第二个问题呢？

在此，我要特别感谢柯迪奇（Codice）出版社的恩里科·卡萨帝（Enrico Casadei）先生，他在*Post*报上读到了我的文章，提出将这些文章编写成书的建议；另外，还有柯迪奇出版社的斯特凡诺·米拉诺（Stefano Milano）先生，他在选取主题上花费了很多心思。同样，还有马可·菲斯凯蒂（Marco Fischetti）和马西莫·曼卡（Massimo Manca）先生，他们不仅协助我整理了最初的手稿，还帮我指出了文中表达不顺畅的地方。最后还要感谢安娜（Anna）、切奇莉亚（Cecilia）和雅各布（Jacopo），谢谢他们给我足够的空闲时间编写和重新整理这本书。

啊，差点忘了，我最开始提到的那些数据是我临时杜撰的，请不要分享到Facebook上……

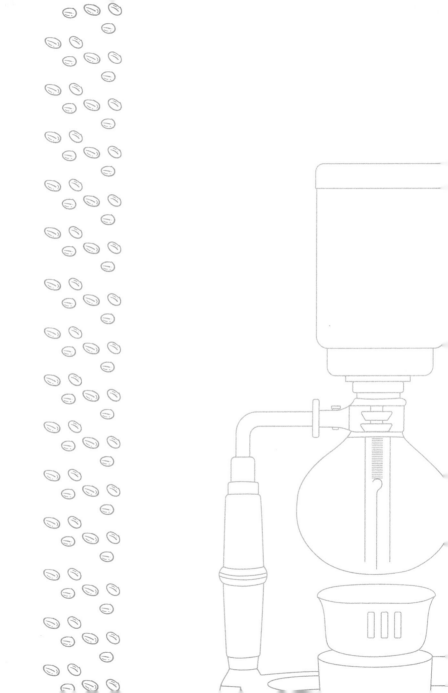

目 录

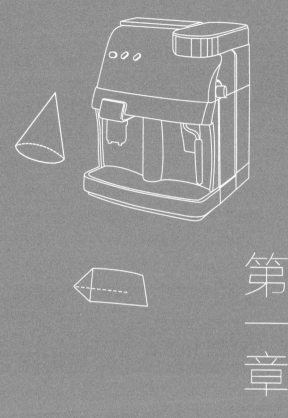

第一章

算　术

负数乘以负数（得正还是得负）

我想，可能很多人都发现了数学公式和魔术之间存在一定的相似性：这两者都有"棍子"的参与（数学公式中的棍子是加减乘除等符号），只是不停地重复同样的东西来得到想要的结果，并且任何微小的错误都会带来毁灭性的结果。我们也都会说意大利的顺口溜："球体的体积怎么算？$4\pi/3$乘以R的三次方。"大家都这样理所应当地接受了它，但是还有其他公式是存疑的。这其中就包括符号的运算规则，从"正正得正"开始，到"正负得负"，再到"负正得负"，到此为止，一切都没问题，然而，最后还有一句是"负负得正"。而在解释的时候，总有人吐槽："两个负数怎么可能得到一个正数呢？"

通常，老师都会急急忙忙打断说"是这样就是这样，没有为什么"，并不会去深思负数不是一个可以简单理解的概念。17世纪前，负数都不被承认：在那时，数学中不存在$x^2-5x-6=0$这样的方程式，而是转写为$x^2=5x+6$这种方程式来去掉那些讨人厌的减号。毕竟，这样的憎恶一直到今天仍然存在：人们更愿意说"温度在零下三摄氏度"而不是"负三摄氏度"。这些仍然不足以回答最开始提出的那个问题，不过幸好有一种简单的方法可以观察符号的运算规则，利用正数集和负数集使之具象化。例如，我们可以用正数表示将来，用负数表示过去，那么"前天"则表示为"今天－2天"，而"明天"则表示为"今天+1天"。还有一种更简单的表达方法，用正数表示债权，负数表示债务。如果我一分钱都没有，要向债权人借1000欧元，那么可以记为－1000欧元。这个表达方法可谓一目了然。

现在让我们把两个概念放到一起看看会发生什么。如果我每年在账户里存100欧元（+100），10年后（+10）就有1000欧元——这便是"正正得正"，接下来的几年会怎样我们也能想象得到。视角换到现在，我的账户里有之前存的钱，那么10年前（﹣10）账户里的钱比现在账户中的钱少1000欧元——这便是"正负得负"。假设这个账户是很多年前我去世的爷爷奶奶开的，账户里每年只扣除税款100欧元（﹣100），那么10年后（+10），账户里的钱会比现在少1000欧元——这便是"负正得负"。最后，我们回首过去，如果每年取100欧元（﹣100），那么10年前（﹣10），我的储蓄账户上面应该有多少钱？所有人都知道会比现在多1000欧元——这便是"负负得正"，以最自然的方式呈现着这样的结果。

现在大家都没有疑问了吧？众所周知，当谈到钱的时候，数学最好懂不过了……

当心平均数！

我当真是个不折不扣的讨厌鬼，要是有人跟我说"民主的问题在于纯粹的统计：一半选民的智力水平都在平均数以下",那我会很快地反驳:"不是平均数,是中位数!"我并不是在用另一个术语表达同样的东西,从数学的角度而言,这是两个不同的概念。更糟糕的是,我还要引入第三个概念——众数(moda❶),这跟春夏季时装展可没有任何关系。

或许举个例子能更好地解释这几个概念的不同之处,把这些术语放到特定的背景下能帮助大家更准确地理解。

假设我们在一个教室里,所有的孩子都有糖果,有一个孩子只有一颗糖果,而其他人有好几颗糖果,那么会发生什么呢?

场景一:老师是个提倡社会平等的人,他把所有的糖果都收集起来,让孩子们排好队一个个分糖果;如果糖果正好被均分,那么每个孩子拿到的糖果数量则是总数的平均数。

---

❶ 意大利语中,moda一词还有"时尚"的意思。——译者(本书脚注如无特别说明,均为译者注。)

场景二：老师想向孩子们解释社会差异的存在，他按孩子们手中糖果的数量进行排序，位于这个队列中央位置的将是一个或两个孩子，那么这个或这两个孩子的糖果数便是总数的中位数。

场景三：老师是个不放过任何电话投票机会的人，他把有相同糖果数的孩子分为一组，如此组成若干个小组，并选出人数最多的那个小组。那么，这个小组里每个孩子拥有的糖果数便是众数。

下面我会为大家解答对以上例子可能出现的疑问。

"场景一中可能会出现这种情况：有个孩子拥有的糖果比其他孩子都多！"

这是对的，事实上，即使所有数字都是整数，平均数也可能是个分数。平均数的真正意义在于"我们都是一样的"。

"在场景二中，要是最后剩下两个孩子，他们的糖果数是不一样的，那怎么办？"

把这两个孩子的糖果加到一起，再取中间值，这便是中位数的定义。中位数的真正意义在于把最初的整体分成两个数量相同的部分。

"在场景三里，如果不止一个小组人数最多怎么办？"

这也是正常的，这种现象称为多峰。这三个统计量中，众数是唯一一个允许有多个数值的。

有数学家头脑的人可能会问："为什么平均数、中位数和众数是不一样的数值？这几个数不能是同一个结果的不同表现形式吗？"这个问题提得非常好很多情况下，这三个统计量的数值是一样的，但要找出一组影响因素，让这三个统计量的数值不同也不是一件难事。下图所示的情况就是一个例子。这样看起来，这三个统计量甚至一点关系都没有，完全是三个独立的数字。

只要理解了平均数、中位数和众数之间的不同，那么要想知道它们在给定背景下充当的不同角色就简单了。假设我正在准备一场马拉松的

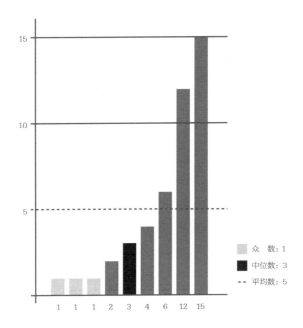

众　数：1
中位数：3
平均数：5

1 1 1 2 3 4 6 12 15

三个统计量的对比

训练，我把每天跑了几千米登记在一个表里，又或者我捡烧火用的柴火捡了一两个星期，那么照此推算，我最感兴趣的应该是平均数，因为这是衡量我工作量最有用的数据。但如果考虑到人数非常多的情况，最有用的数应该是中位数，就像上面提到的分糖果的例子一样。这里我用的词是"应该是"，而不是"就是"，因为在实际生活中，这些数经常会"骗到"大家，比如我们经常提到的是"意大利人的平均收入"。我们这样算是因为这样算最简单，只需要用全国人民的总收入除以人口数就能得出结果，但是这种简单粗暴的计算方法比特里卢沙❶的"每人一只鸡"的算法还要愚蠢。你们不信是吗？假设你和你的一群同事还有贝卢斯科尼❷坐在一个大厅里（如果你们介意谈政治的话，那就把贝卢斯科尼改成马尔乔内❸），然后来计算这群人收入的平均数和中位数，你很快就会发现平均数的实际参考价值太低了。

关于中位数，我们还有另外一个例子，更准确地说，是关于中位数的来源——新生儿成长图。

❶ Trilussa，意大利著名诗人。在其诗作 *La Statistica* 中提出"两个人中，一人吃两只鸡，一人一只也不吃，按照统计学，那么平均每人吃了一只鸡。但真实情况是，有一个人一只都没吃到。"
❷ Berlusconi，第74任意大利总理。
❸ Marchionne，曾任意大利著名企业菲亚特汽车公司的CEO。

要知道的是，孩子的生长水平处在第50百分位下一点关系也没有，定义中就规定了有50%的孩子会处在第50百分位下，而另外50%的孩子会处在第50百分位之上。因此，这个衡量标准是相对的，不是绝对的，跟孩子的健康一点关系也没有。

那众数呢？可以这样说，在所有数字被选中的概率不一样的彩票里，众数可以被用来预测结果。比如，掷两枚骰子，总和得到7点的可能性要比得到12点的可能性大。另外，多态分布（多峰）的结果也可以提醒我们汇总数据的时候可能出错。比如，我们正在统计意大利人的身高，随后我们发现表中有两个峰值，那么这种情况下，把测量数据分为意大利男性和意大利女性分别进行统计会更合理、更清晰，得到的结果也更实用。只要留神中途不要弄晕自己就好了！

去九法

我开门见山地说吧：我觉得去九法被严重高估了。这种验证方法已经存在了几个世纪，早在1478年，意大利第一本以意大利语出版的算术论述书——《算盘的艺术》中，便提及了去九法，不过很快便因为其带来的安全问题而成为被淘汰的事物之一（我发现现在还有一些老师在向学生讲述去九法，即使学生们很快就抛诸脑后了）。

总之，我发现代代相传下来，去九法对于学生们而言留下了很深的印象，因为直到现在，还会有人来问我去九法的原理以及为什么有的时候去九法验算会失效。好吧，你们总算可以满足一下你们积聚多年的好奇心了。下图是去九法的一个示例。

首先，很有必要重新讲述一下去九法的原理。当进行多倍运算的时候，比如$247 \times 53 = 13091$，首先我们把每个数各位对应的数字相加，如果得到

$$
\begin{array}{r}
247 \\
\times 53 \\
\hline
741 \\
1235 \\
\hline
13091
\end{array}
$$

去九法示例

的结果是两位数，则把两位数的个位和十位再进行相加，以此类推。在我们刚刚所举的例子中，从示例图中可以得出，2+4+7=13，1+3=4；5+3=8；1+3+0+9+1=14，1+4=5。这样，我们就得出了这些因数对应的数字，然后把因数对应的数字相乘，乘积的数字按照刚才的方法相加，直到得到一位数（4×8=32，3+2=5）。如果这个数字跟我们刚刚算出来的积对应的数字不一样，那么我们可能是哪一步算错了；如果两个数字是一样的，那么我们可能算对了。我们从上面的示例图中可以看到，4个数字被放进了十字里进行验算。我不能保证上图中数字的摆放位置就是老师们在学校教的那种，有一些细节甚至连我都已经忘了！去九法适用于加法、减法和乘法，而对于除法我们则要倒过来算，把除数和商相乘之后得到被除数。

接下来我们来讲讲去九法的实际运用，这种验算方法常用于模算术，也就是其他数学类书籍中常提到的"钟表运算"，不过现在的年轻人都不用钟表而用手机了。去九法其实就是用"模9"来做运算，把式子里的数字除以9，然后用余数来代替原来的数。在模算术中，加法、减法和乘法跟之前的算法都是一样的。当然，按照这种算法，如果得到的值是"模9"的倍数的话，就没办法检验计算结果是否正确。那为什么我们要用"去九法"而不用"去七法"或者"去十五法"呢？很简单，因为10、100、1000…这些数字除以9的话，它们的余数都是1，把不同位上的数字相加，便可以得到"模9"。要是你们不怕麻烦的话，大可以去除以7或除以15试试！但是，模9的简单性也遇到了一个问题：如果我们把结果中的两个数字调换一下位置（把13091换成10391）或者数位没对齐，从定义上而言，最终的结果还是一样的，那我们就无法发现错误了。这个问题要怎么解决呢？我有一个主意：接受"去十一法"。计算"模11"的余数会更复杂一点，但也不会太复杂。

只需要按照从右到左的顺序，对给定数的不同位之间先相减后相加就可以了，如果出现了小于零的情况，那么就再加11。这样我们得到的数便会在0～10之间，下图便是用相同的运算方法演示的"去十一法"。通过"去十一法"，之前提到的两个数字对调或者数位没对齐的情况都可以很快被发现，有没有这样的感觉呢？

$$
\begin{array}{r}
247 \\
\times 53 \\
\hline
741 \\
1235 \\
\hline
13091
\end{array}
$$

247	13091
5	1
9	1
53	5×9

用去十一法进行相同的运算

臭名昭著的"数"

大家在学校的时候学过很多不同类型的数字的名字，可能大家都不怎么留意，不过想必这些名字中的大多数都没给你留下什么好印象。当然啦，数字里面有生……抱歉，有自然数、有理数，还有无理数和虚数。为什么这么讨厌它们？它们的历史比第一眼看上去的更加复杂，我有时会问自己它们何错之有。

我们从有理数和无理数开始吧。这两个词本身是不含任何褒义和贬义的，在拉丁语里面，"有理"所对应的ratio一词指的是比率。因此，有理数指的是两个整数相除得到的比值，无法通过两个整数相除得到的数字则称为"无理数"。当希腊人发现不是所有数字都是有理数的时候当然很崩溃，他们非常震惊，以至于决定把几何学作为基础，而不是算术。从理想的角度出发，$\sqrt{2}$ 的值无法用两数相除表达出来，但起码可以通过作图来表达。遗憾的是，"ratio"这个词还表示"理性"，这样一来，无理数就变成"不合理"的了。类似的情况还有可怜的负数。它本身并没有做错什么，但是却留下了一个"坏名声"（负面的）。这有点像意大利语中"左"这个词，因为带上了负面的意思（不吉祥的、恐怖的），结果"右"倒成了一个好的形容词。

数学里面被命名得最糟糕的莫过于虚数了，"罪魁祸首"就是卡尔达诺（Girolamo Cardano），他在解一个三次方程的时候遇到了一个问题：解方程的时候出现了"不存在"的数字——平方根负数。当然了，负数乘以它本身会得到一个正数，就像正数一样。真正麻烦的地方在于，这些数字出现在需要解三步的方程里。幸运的是，如果假装没事继续运算的话，这些不存在的数字会一个个抵消掉，最终得出正确的答案。作为一个务实的人，卡尔达诺决定，如果最后的结果没有问题的话，那我们便可以设想这些数是确实存在的。这就是"虚数"的由来，它的命名正好与实数相对应。

接下来我们就不讲复数了，复数不过是把实数和虚数强行组合到一起而已。这些数真的很复杂吗？当然不是。200多年前，人们已经能正确运用正数、负数、虚数和实数了，这些数之间的相加也并不困难（乘法会难一点，但大家碰到过吗？），然而，对这些数的成见却早已根深蒂固了。

更有趣的是在19世纪，给新的数字命名的人们都得有精神内涵。以 π 为例，π 本身无法通过解整数系数的多项式方程来求得，故而被归为"超越数"。这个命名有点好笑，因为直径和圆周的关系就明明白白写在 π 的定义里呢，又没有在遥不可及的天上。不过最有趣的要数超限数的来历了。2500年来，在数学界，无穷大都只是一个概念，没有具体的数值，而格奥尔格·康托尔❶却决定把这一套丢弃掉，明确地定义出了无穷大——超限数。他发现，无限的类型有无数种，这对于一

---

❶ Georg Cantor，德国数学家，集合论创始人。

个虔诚的天主教徒而言会有一点费解：作为无限的
存在，上帝怎么会是无数种无限中的一种呢？要揭
晓答案只有一个方法，作为一名德国人，康托尔
写信给了神圣信仰教理部❶来请求指引，罗马教廷
把信转交给了主教约翰内斯·巴蒂斯特·方斯伦
（Johannes Baptiste Franzelin）。在多次的书信
往来之后，主教回复称："宇宙中的绝对无限和限
时无限（即超限）在本质上是两个不同的概念，如
果拿来做比较的话，只有前者具有'真正无限'的
特点，而后者存在歧义，并非'真正无限'。"如
此，超限数的名称就这样确立了。不可思议的是，
这是由罗马教廷命名的！

最后，还有个有趣的小知识，20世纪70年代，
约翰·何顿·康威❷创立了新的数字系统。在这个
系统中，所有数字可以以递增的顺序进行排列。我
保证你们肯定不想知道这个概念是如何定义的，只

---

❶ Sant'Uffizio，前身为罗马宗教裁判所，现称为信仰理论部，简称信理部。
❷ John Horton Conway，英国数学家。

需要知道这个数字系统里面包含了无穷大、无穷小、超实数、上超实数和很多其他的数，此类数被统一归到了超现实数里。杜尚、马格里特和达利[1]知道了肯定会很高兴的。

是不是1

小学里经常提出的另一个问题就是0.999999⋯到底是等于1还是小于1。这个问题早在2000多年前就已经被提出了，有着相当长的历史，其始于芝诺[2]提出的阿基里斯与乌龟的悖论。按照现在网络上的定义，芝诺可能会被当成"钓鱼的"[3]——这类人喜欢在网上提出一个看似无害的问题来让其他参与者陷入思考。不过，对芝诺来说，则是让一群哲学家陷入了争论中。在芝诺提出的所有悖论里，最有名的便是阿基里斯和乌龟谁跑得快的悖

---

[1] 这三位都是20世纪著名的超现实主义画家。
[2] Zenone di Elea，古希腊数学家。
[3] Troll，网络用语，指的是通过发起一个话题，引起争论来获得自我满足的人。

论。阿基里斯和乌龟赛跑，乌龟的速度是阿基里斯的1/10，但是阿基里斯决定让乌龟9/10的路程。他们分别被带到了各自的起点上，"预备，各就位，跑！"阿基里斯很快就跑到了乌龟出发的地方；即距离终点1/10路程的位置，但是这时乌龟已经慢慢、慢慢多爬了9%的距离；阿基里斯又快速跑到了乌龟现在所在的地方，即99%的路程处，但是乌龟又已经慢慢多爬了0.9%的距离；阿基里斯又追了上去，而乌龟又已经爬远了……

现在，我们都清楚一点：在真正的比赛中，阿基里斯会比乌龟先到达终点，尽管叙述起来好像不是那么一回事；更坏的是，阿基里斯要想超过乌龟，首先得赶上乌龟。那么阿基里斯会在哪里追上乌龟呢？就算他跑了99.9999…%的路程仍然是落后的，那么它们相遇的地点真的是在终点吗？答案是肯定的，不过这只是一个惯用的说法而已。数学家们花费了数十年来寻求有力的证据证明这个结论，直到理查德·戴德金❶提出了"分化"的概念来定义实数。

如果我们对数字进行"切分"，把大于等于1的数字放到一边，而小于1的放到另一边，那我们就会发现中间什么东西都没有。按照这种划分方法，我们便无法找出这个集合中的最大值。物理学家们称存在一个普朗克长度，这跟我们平时说的长度没有一点关系。要是大家想用另一种方法来理解也可以，设0.999999…=1，分别在两边减去0.999999…，那么就能得到0=0.000000…。这样一来，大家是不是觉得这个结果更易信服也更好理解了呢？

当然，也可能存在另外一种结果：20世纪70年代，数学家亚伯拉罕·鲁滨逊❷提出了一种新的理论——非标准分析学，指出了0.999999…不等于1，两数之间永远存在0.000000…的差距，这个

❶ Richard Dedekind，德国著名数学家，是数学家高斯的学生。
❷ Abraham Robinson，德国数学家。

数字不等于 0 且小于所有的正数。举个例子：圆周和其切线的夹角，这个夹角不是 0°，但是一定不能大于 0°，否则这条切线就不存在了。不过，我们讲不讲这个，重要吗？

还要知道的是，1.000 和 1 并不是完全一样的。在这个例子中，表面上看在小数点后面加了 3 个没有意义的 0，只是单纯表明这个数字精确到了小数点后 3 位，并且可以肯定的是这个数字比 0.999 大，比 1.001 小。这里面的学问就大了：如果我说我的腰围是 1 米，大家都能想到我是个超重的胖子，就算我写成 99.7 厘米，大家也没什么好惊讶的；但要是我说这条水管长 1 米，那我说的这个数字误差就不能超过 1 毫米。大家发现了数学中理论和实际的差距了吗（1.000 和 1 的对比）？请记住，你们再也不需要在学校做数学考试了！

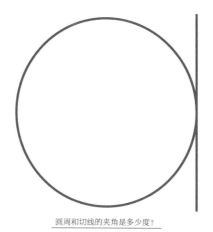

圆周和切线的夹角是多少度?

对数

这个世界上,有些东西会出于一定的目的隐藏起来,过了一段时间后又以完全不同的面孔出现。这没什么好奇怪的,就像谚语里说的:"如果我们要钉一枚钉子,所有经过我们手里的东西看起来都像锤子。"遗憾的是,如果不是需要钉钉子的话,那么锤子披上"榔头"的外衣之后,很少人会发现这是个可以用来敲打的工具。对数便是这样一个活生生的例子。在学校学习对数的时候，没有人知道最开始的目的是什么，以至于现在对我们而言它们就是没用的数字，或者是出于其他的目的来使用这些数字……但最好还是能回到原点。

虽然对数的名字很容易让人误解，不过这个名字既不是古希腊人发明的，也不是从阿拉伯传入的。其实对数是在 17 世纪被定义下来的，说出来可能有点不可思议，是在苏格兰，当伽利略进行科学方法的介绍时，由约翰·纳皮尔❶男爵提出的。当时，纳皮尔主要是因对启示录的预言和关于彼得罗宝座上坐着的反基督教人士的事实而出名的。总之，对数是跟乘方刚好相反的概念，有点类似于开根号。如果 $10^3=1000$，那么我们就可以知道 1000 的立方根是 10，并且 3 是 1000 以 10 为底的对数；其中我们进行了两次相反的操作，因为 10^3 和 3^{10} 是不一样的。但纳皮尔对这个可不感兴趣，他发明

---

❶ John Napier，苏格兰数学家、物理学家及天文学家，对数的提出者。

对数是为了把乘法转换成加法、把除法转换成减法，这样他就可以时时备一本"对数表"在旁边，方便他找一个数的对数，反之亦然。不知道你们还记不记得，在学校的时候，教过这样的运算：把底数的所有指数相加就能得到这个底数的两个幂的乘积，这便是倍数运算的关键。

直到20世纪中叶，所谓的"计算机"还是要靠一群人用纸笔进行运算，对数的发明在那时而言简直是天降甘霖。拉普拉斯称："对数的出现使得天文学家的寿命延长了一倍。"因为用对数计算天体轨道快多了。对数也被广泛用于工程学：计算尺使用的是对数尺度，这样便能通过附加两节而使对应的数字相乘。然而，现在的天文学家们有了数不清的软件，对数对他们而言不过是计算机上的一个按钮罢了。那么我们干吗还要学一个比拉丁语还没用的东西呢？学了拉丁语，我们起码还能装着读读碑文。答案很简单：为了处理数量级。曾经我们用的数字运算起来不需要花费多大的力气：一年有365天，看起来已经是个不小的数字了，所以我们更喜欢用月份来进行计算。但是如今我们动辄便用到上亿的数字。当说起意大利的公共债务已经达到2万亿欧元的时候（你们得感谢里拉这个单位被废除了，不然就是4000万亿里拉了），我们对这个数字无从下手，就算是说成2个10^{12}，恐怕还是一样。我们把这个数字写成2×10^{12}，在采用科学计数法的计算机里会显示成2E12，那么，12就是1万亿以10为底的对数。毫无疑问，12这个数字容易算多了。当然，事情并没有那么简单，从12到13便意味着乘以10倍，而不只是简单的加1。但是，熟能生巧。一旦学会了灵活运用对数，就能用简单的方法进行数值的运算，就像之前说的一样，把乘法和除法变成加法和减法。比如，意大利每个人的公共债务平均下来是多少？意大利人口一共有6000万，即6×10^{7}，底数相除我们可以得到2/6=1/3，指数相减12－7=5，那么结果就是$1/3 \times 10^{5}$，也就是100000的三分之一，差不多是

33000欧元。我们终于得到了一个比较能看得懂的数字，虽然这个数字对我们来说不是一件好事。总结一下：有了对数，不同的常数可以变成常数间的相互联系，复杂的除法也能变成简单的减法。

最后，如果大家觉得使用对数尺度是违背自然的话，那我可以告诉你们，我们身体的器官也是用同样的方法运作的，二者是相互联系而不是互相对立的。比如，视星等的定义，即恒星星体的亮度，1等星比6等星亮100倍；两个声音的响度是按照从1到10，以10分贝为间隔进行区分的；里氏地震规模中，震级相差1，所释放的能量相差31.6倍，也是通过计算1000的平方根得到的。总之，学会灵活运用对数也是点亮生活的技能呢！

增长得太快了

每次记者们讲到某个事物增长迅猛的时候总喜欢用"指数增长"这个词，如果你们真的深有体会的话，就会发现：呈指数增长的，是开销而不是工资，是犯罪率而不是绿化率，是税款而不是工作机会。遗憾的是，例子中的大部分根本就不是指数型增长！这没什么好奇怪的，确实，在数学和物理领域，指数是个常用的概念。比如，两个电线杆中间悬挂的电线形成的曲线称为悬链线，悬链线便是由两个指数曲线构成的。不过，要辨认出这个还是需要经过一定培训的。我们最好从基础开始，先从最简单的函数入手，函数的值跟时间成比例，就从最简单的线性增长开始吧。

如果一个函数相同间隔值之间的差异总是相同的，这个函数便呈线性增长。就好像我们以每小时50千米的速度匀速前进一样：1小时50千米，2小时就是100千米，3小时就是150千米。如果作一个图来表示的话，我们得到的就是一条直线。如果一个普通行人每小时步行5千米，而飞机每小时的飞行距离是500千米的话，作出对应的图后，我们就会发现两条直线的倾斜度是不一样的。除此之外，还存在其他的函数增长类型。如果呈线性增长的是速度，每隔1分钟步行的时速就增加10千米，那么2分钟就增加20千米，3分钟就增加30千米，以此类推，那么这种增长模式便称为二次增长。毫无疑问，二次增长比线性增长的增长速度要快，即使是选取很短的时间段也是一样的，不过对于计算机科学家来说，这两者的差别不大，反正它们的增长速度都不是很快。

而指数增长则是另外一种完全不一样的增长模式，就定义方式而言，它和线性增长很相似，只不过相同间隔内不变的不再是数值的差异，而是数值间的关系。可别小瞧了这一点点小的改动！关于这一点，有个很出名的问题：培养皿里有1只阿米巴虫以每天加倍的速度进行繁殖，10天内就能充满整个培养皿；如果把最开始的阿米巴虫从1只变成2只，那么需要多少天才能充满整个培养皿？对于那些认为这是线性增长的人，答案不言而喻，是5

天：最开始的阿米巴虫数量加倍了，那么时间也会对应减半。但是正确的答案是9天。对此，这样想就很简单了：到了实验的第二天培养皿里就有2只阿米巴虫了，那么填满整个培养皿剩下的时间是9天。要是大家愿的话，也可以从另一个角度看：填满培养皿的一半需要的时间是9天，接下来只需要再多1天进行翻倍就可以了。这样的增长简直棒极了！接下来我们来看另外一个例子，这次是关于文学的。雷蒙·格诺❶在他的作品《一百万亿诗篇》中便用到了指数增长。这本书只有10页，每页分为14个小纸条，每个小纸条上都写有一行诗句，从任意一页随意抽出一行诗句都能与其他诗句组成一首结构完整、逻辑严密的十四行诗。这本书一共有140行诗句，但是能组成的十四行诗有100万亿首。随便选取几行诗句，你可能就会得到一首其他人都没看过的诗！

当然啦，不是所有的指数增长都这么劲爆，比

---

❶ Raymond Queneau，法国著名诗人、小说家。

如，当增长速率是每年0.1％的时候，在图上有相当长的一段时间是看不出来曲线的变化的。不过，只要等上一段时间，任何指数增长的增长速度都会超过线性增长和二次增长。如下面的图所示。当然啦，这是建立在增长率大于1的前提下的，否则的话就改称为衰减了（这就涉及另一段故事了，虽然也是很有趣的一个话题，不过却是题外话了）。

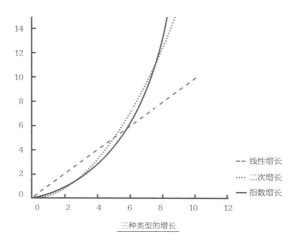

三种类型的增长

这就是为什么会说GDP每年增长3％是天方夜

谭了，至少从长远来看，按照这样的速度，24年内GDP就会翻番，100年内增长超过18倍；而对于线性增长，100年后才增长到原来的3倍。总之，二者大相径庭。另外，还有一点需要补充的是，大部分报纸上的增长图选取的数字太小了，根本就看不到以后的增长趋势。从三种类型增长对比图中我们也能看出，二次增长和指数增长实在是太像了。我并不是想鸡蛋里面挑骨头，可能记者们想表达的只是某个事物增长速度非常快而已。不觉得"指数增长"这个词有点大材小用了吗？

第二章

悖论、概率及预测

做不到千分之一

假设有一群恐怖分子宣称使用生物武器发动了攻击，感染者会在一周内发病死去。你们被带去检查是否被感染，已知感染病毒的概率是1/1000，检查的准确率有99%，也就是说有1%的误判阳性概率（未感染病毒的人被误判为病毒感染者）或1%的误判阴性概率（感染病毒的人被误判为没有感染病毒）。现在你们所有人的检查结果都是阳性，那么是不是得赶快去写遗嘱了？并不一定！为了计算你们感染病毒的概率，假设参加检查的有100万人，其中有1000人确实感染了病毒，而这些人中有990人的检查结果呈阳性，10人的检查结果呈阴性；而其余的999000人没有感染病毒，其中9990人的结果呈阳性，其余的为阴性。现在，我们只讨论检查结果呈阳性的人，健康的人数是患病人数的10倍，因此，每11人中便有一名感染者，概率低于9%。这个数字还是有点大的，没办法让人高枕无忧，但是考虑到检查结果99%的准确性，这个数字离令人担忧的"几乎确诊"还远着呢。

刚刚向大家介绍的是一种典型的推断方法——后验概率，又称贝叶斯推断，是以托马斯·贝叶斯❶的名字命名的，是他首先发现并推导了这一过程（事实上在1763年，贝叶斯去世两年后，这个推断才由贝叶斯的朋友理查德·普莱斯❷首次公开发表）。通常，我们做的第一步是使用先验概率，"设感染病毒的概率为X，X有多大？"然后再根据后验概率来进一步推算上一步得到的概率，"设已经感染的患者得知自己检查结果呈阳性的概率为Y，Y有多大？"要计算结果，我们得先知道X和Y之间的相互关系，即前者发生后后者接着发生的可能性有多大。如果X和Y之间的相互关系是完美的，也就是检查结果完全无误，那么情况就简单

---

❶ Thomas Bayes，英国数学家，对概率论有卓越贡献。
❷ Richard Price，英国数学家、道德哲学家。

多了，因为感染病毒的概率是已经确定了的。如果 X 和 Y 之间不存在相互关系（也就是说检查结果没有丝毫的参考价值，还不如不要浪费时间去看）的话，那么概率还是跟原来一样，即 1/1000。如果情况处于这两种情况之间的话，那我们就得好好算一算了。如果大家还记得的话，可以利用贝叶斯推断，或者用我刚刚所介绍的方法：用一个很大的数字来估算这个群体，然后看看会发生什么。知道先验概率和后验概率的区别是非常重要的，尤其是在实际生活中。以 DNA 检测为例，这是一个比对某人的 DNA 与目标 DNA 契合度的检测，然而，仅仅在意大利，匹配度为 99.99% 的人就已经达到 6000人了。因此，这个结果不能作为唯一的验证标准，还需要其他的先验线索。然而，媒体却经常忽略这一点，更有甚者，连法官都是一样，他们往往缺少必要的数学知识来理解案例中的概率问题。还有一个例子，为了找出娅拉·甘比拉西奥（Yara Gambirasio）被杀一案的凶手，警方收集了 2 万个居住在贝尔加马斯科的成年男性的DNA样本。允许0.01％的错误率在统计学上意味着有2名匹配的男性，找到的可能是1个人，也可能是3个人。那么，在这种情况下，该怎么办呢?

部分人类学研究也断言，人类的进化是在不需要计算先验概率的压力下推动的：当一个人碰上剑齿虎的时候，不用计算这只剑齿虎刚吃饱的概率有多大，而是扭头就跑，因此，我们都没有"贝叶斯直觉"。不过也没那么坏啦，重要的是我们应学会观察自己所处的是何种环境，并且冷静地判断出结果。

最后，再用一个简单的小问题给大家演示一下小心地处理概率多有必要。有一个净重10千克的西瓜，含水量非常丰富，达到了99％，放在太阳底下晒了一段时间后，含水量只剩下98％了，那么，这个西瓜现在多重? 9.5千克? 还是更多? 大家去试试算一下吧，会有意想不到的结果的。给你个小提示，不含水的那部分还是重100克哦。

两个信封的悖论

　　卡罗和爱丽丝被邀请去参加一场科学实验。桌子上放着两个信封，卡罗和爱丽丝一人拿一个，然后他们就被分开了，不能互相交流。他们被要求打开信封，信封里都装着一张支票和一个便条，便条上写着："两个信封里各有一张支票，其中一张支票的金额是另外一张的两倍。"但是便条上没有写明哪个信封里的支票金额比较大。研究人员询问他们是否想要交换信封。对此，你有什么建议吗？

　　假设爱丽丝手上的支票金额是 a 的话，那么她可以这样推算："我有50%的可能拿到了金额比较多的那张支票，如果交换之后，那我拿到的钱就只剩下 $a/2$ 了。但是同样，我也有50%的可能拿到了金额比较少的支票，交换之后，我就能拿到 $2a$ 的钱了。由于这两个概率一样大，平均下来，交换信封之后我可以拿到 $a/2 \times 50\% + 2a \times 50\% = (5/4)a$ 的钱。既然这样，那交换信封对我更有利。"但是对卡罗来说，他现在手上的支票金额是b，他也可以进行同样的推理，也能得到$(5/4)b$的结果。怎么可能对于双方来说都是交换信封更有利呢？

解决这个悖论最简单的方法就是假设支票的金额确实是不同的，并且都小于一个数，为了使推算更简单，我们把这个数定为100欧元。这就意味着金额较少的支票上的金额应该是0.01 ~ 50欧元，而另一张支票上的应该是0.02 ~ 100欧元（0的情况我们就不考虑了，因为0的两倍还是0，这样的话，换不换信封就没有意义了，并且研究人员也不会无聊到花15分钟来开这样一个玩笑）。在这种情况下，如果有人拿到了90欧元，那么他肯定知道自己拿的是金额比较多的那张支票，因此也就不需要交换信封了。这样一来，我们就改变了局面，两人的概率不再是一样大了。要是换了一个特别较真的人可能会说，如果一个人拿到的金额是42.85欧元，那么也可以断定他拿到的是金额比较小的那张支票,因为支票上不存在千分位(不存在金额是21.425欧元的支票)。数学家可能对这种讲究不以为意,他们应该会觉得这种保留到两位小数的做法是银行的事,研究人员可不会考虑这个。要是大家不喜欢的话,也可以这样想:研究人员都非常狡猾,他们在支票上写的数字百分位上都是偶数,只是我们都不知道而已。

通常情况下,我一点也不想做这些算术,如果你们愿意的话,在维基百科上面是可以找到的,但是我可以从数学的角度向大家阐释一下:如果我们知道支票上的数字是从n到N的两个随机数,并且都清楚地知道如果我们拿到的是数字小于$2n$的支票,则交换信封更有利;或者如果拿到的是数字大于$N/2$的支票,则不交换更有利;在其他情况下,交不交换信封的差别就很大了。那我们在没有人知道总数是多少的情况下,可不可以假定n是0、N是无穷大来得到答案?不行,因为无穷大的一半也是无穷大,这样的话就不能确认从哪个数开始支票的金额是比较多的。

那这个悖论要怎么解决呢？卡罗和爱丽丝的这个推理从一开始就是建立在这样的前提下的：所有的数字被写在支票上的概率是一样的，因此，不可能存在总数无穷大的情况，因为当无穷大存在于等概率的情况下时，这个概率只能是0。可能打破僵局的最好办法是"跳出来"。作为局外人，我们可以了解到，两张支票上的总金额是3a，因此，交换信封的两个人中一个能赚到a，另一个损失a。

彭尼游戏

抛硬币的游戏还蛮刺激的，不过这个过程很短暂，抛上去之后就只能等着看是正面还是反面了。大家想不想玩个更刺激的游戏？这里有一个抛硬币的进阶版——连续三次抛同一枚硬币，正面记为T，反面记为C，那么我们可以得到8种结果：TTT、TTC、TCT、TCC、CTT、CTC、CCT、

CCC。邀请你的朋友猜一个结果，然后你自己也猜一个结果，这样的话游戏就可以正式开始了。现在开始抛硬币，然后把结果记录下来，谁猜的结果先出现谁就赢。B选择某一结果并且能赢的可能性列在了下面这个表里，现在的问题就是找谁来当"冤大头"了。

A的选择	B的选择	B赢的概率
TTT	CTT	87.5%
TTC	CTT	75%
TCT	TTC	66.7%
TCC	TTC	66.7%
CTT	CCT	66.7%
CTC	CCT	66.7%
CCT	TCC	75%
CCC	TCC	87.5%

很明显，对于第一次进行选择的玩家来说，规避掉一些选项是比较有利的。假设玩家A选择的是TTT，按照上表来说，如果玩家A足够幸运，又或者硬币是被动过手脚的，结果连续三次都是正面朝上，那么玩家A就赢了。而在硬币没有问题的情

况下，这个玩家赢的概率只有1/8，万一他运气没这么好呢？我们假设TTT的这个结果出现在第6次和第8次抛硬币时，然后我们回过头来看第5次的结果。那么第5次可能是正面朝上吗？不可能，因为这样的话，在第7次抛硬币的时候就会出现TTT了，因此，我们可以推断出第5次的结果是反面朝上。这样的话，如果我们选的是CTT，那我们就赢了。这样的推理在任何情况下都是有用的，包括最开始说的那种最幸运的情况，选择CTT的话，那么获胜的概率就有7/8。

当然了，这个例子比较特别，毕竟，TTT的例子太罕见了。其实不然，正如在上表中可以看到的，不管对方选择的是什么样的结果，你都可以对应选择另外一个，使你赢的概率大于50%。总之，不存在最好的组合。在下面的图示里，箭头表示前一个结果的可能性比后一个大。我们可以看到，选了TTT和CCC的当真是冤大头了。不过，也存在其他的交替的结果。这些结果彼此间相互制衡，分不出胜负，组成了一个循环。数学家们把这种情况定义为"传递关系"。通常来说，人们习惯于把这种关系形容为 A 大于 B，B 大于 C，因此 A 大于 C。不过，正如我们看到的，在这里不是这样的。但这个也很好理解，就像我们经常玩的石头剪刀布一样。石头比剪刀大，因为石头可以把剪刀弄断；剪刀比布大，因为剪刀可以剪断布；布比石头大，因为布可以包裹石头。从另一方面来说，要是事先知道了胜负的话，这个游戏还有什么好玩的呢？

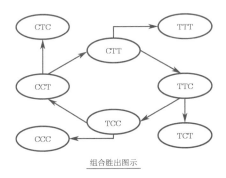

组合胜出图示

这个抛硬币的游戏叫作彭尼游戏，是用沃尔特·彭尼的名字命名的，他于1969年就《休闲数学漫游》一书发表了一篇文章。就像其他的科学轶事一样，彭尼游戏的出名要归功于马丁·加德纳[1]1974年在《科学美国人》上的专栏中的提及。要是大家不想记住在何种情况下做什么选择来回应对方的话，也可以利用曼尼托巴大学的贝利·沃克教授发明的记忆技巧：我们的第一个选择必须跟对方的第二个选择相对立，而我们的第二个和第三个选择必须分别是对方的第一个和第二个选择。因此，如果对方的选择是TTC的话，那我们就该选CTT。最后，祝大家都能赢哦！

辛普森悖论

大家真的都不相信"粉色配额"[2]是在意大利诞生的吗？其实，跟很多其他事物一样，这也是从美国传过来的，半个世纪之前，美国就已经提出

---

[1] martin Gardner，美国著名业余数学家和魔术师。
[2] quote rosa，指的是保证女性在某些社会活动中必须占有一定的最低比例。

了"平权法案"的观念，在意大利等同于"肯定性行动"。这些措施都有一定的特殊照顾，是为了帮助女性等弱势群体。在这一方面，美国可是认真对待的。1973年，加利福尼亚大学伯克利分校因为涉嫌在招生的时候区别对待女性而遭到了指控。这是有数据支持的：提交入学申请的男性学生和女性学生分别有8442名和4321名，而这所大学招收了44%的男性学生，却仅仅招收了35%的女性学生，这个差别太明显了，不是简单的一句"常见的统计学数据波动"就能解释的。那么加利福尼亚大学伯克利分校是怎么回应的呢？他们把所有的入学申请细分到院系，然后再分析是否存在差别待遇的情况，而分析结果显示，这次的招生反而是偏向女性学生的：在对院系的数据分析中，不仅没有发现任何差别待遇的现象，甚至发现大部分院系招收的女性学生的比例还大于男性学生的比例！这是不是很荒谬？还有个更荒谬的例子：2009年，美国的失业率上升到了10.2%，很多商人忍不住问，这次的经济衰退是不是比20世纪80年代的那次更加严重？其实并没有，因为在1982年，失业率达到了10.8%。但是如果把失业的人群按照类别（大学毕业生、大专毕业生、中专毕业生、中专以下文凭）再细分，就会发现，每个类型的失业率都比27年前还要高。

伯克利分校和失业率的这两个例子只是经常发生的情况中比较显眼的两个而已，就像辛普森悖论一样。当然啦，这个辛普森指的是爱德华·辛普森❶，而不是《辛普森一家》中的那位霍默·辛普森。爱德华·辛普森于1951年提出这个悖论时，比起最初发现这些论述的人已经晚了50年。不过辛普森幸运多了，这个悖论最后以他的名字命名了。要知道，给一个概念命名并不意味着其就是解释这个概念的人！我们回到伯克利分校招生的那个例子上，可能有人会认为这个悖论产生的根源在于男性学生提交的申请比女性学生多。但是回想一

---

❶ E. H. Simpson，英国统计学家。

下，这个不可能是根源，我们一直是通过百分比进行推算的，而不是绝对值。不过刚刚的那种第一反应也不全是错的，我们可以看看下图中的这个例子。

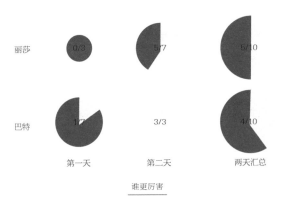

	第一天	第二天	两天汇总
丽莎	0/3	5/7	5/10
巴特	1/7	3/3	4/10

谁更厉害

丽莎和巴特在进行一场技能比试，两人分别要在两天内修好10台电脑。第一天，丽莎修了3台电脑，但是都没修好，而巴特修了7台电脑，成功修好了其中1台。从这一天的结果看，好像巴特更胜一筹，你们愿意说表现一般也可以。第二天情况好了一些，巴特把剩下3台电脑都修好了，而丽莎修好了7台电脑中的5台。第二天也是巴特的修复成功率高一些，那么是他赢了吗？我们来求一下和，巴特一共修好了4台电脑，丽莎修好了5台，那么这里就出现了辛普森悖论——丽莎的修理能力更胜一筹！

现在大家都弄清楚了悖论产生的原因。从百分比上来看，巴特确实是更有优势的，虽然这样处理数据有点太简单粗暴了。实际上，在第二天，巴特能赢只是因为他修的电脑比较少而已，如果从修理电脑的数量上看，丽莎才是做得比较好的那个，这使她弥补了第一天造成的差距，实现了反超，最后取得胜利。回到伯克利分校招生的例子上，一项更细致的研究表明，女性学生更倾向于人文学科的入学申请，而人文学科因为太受欢迎了，所以淘汰率比较高；而男性学生则更倾向于科学学科，科学学科收到的申请较少，因此更容易通过。至于失业率的数据，1982年到2007年之间教育水平的提高是数据错乱的原因。

不过，最后，我们可以自问一下，哪个数据才是值得我们考虑的正确数据呢？是总的数据还是分项的数据？答案是"具体情况具体分析"。在丽莎和巴特的例子中，毫无疑问，看的应该是最后的总数，因为细分到每一天的数量是不相干的。而在伯克利分校招生的问题上，这件事情学校本身没有过错，因为在数据上，所有的院系都没有偏向男性学生。当然了，从大的角度来看，我们认为为了消灭性别歧视，需要说服女性学生们，让她们相信自己也能去报考传统的"男性学科"。最后，关于美国的失业率，我猜政客们都会做出对自己更有利的选择吧。大家都说，数学从来不会说谎。

本福特定律

假设某人为了逃税成立了一个皮包公司，现在手头上只剩下一堆伪造的发票，金额在100～100000欧元之间，然后把相关文件发给了税务局。那么，每张发票该分配多少钱呢？作为一名谨慎的逃税人,这个人曾经在杂志上看过相关文章,知道我们无法自己创造真正的随机数,于是他到网站上随机生成了976个(这个数字也是随机产生的)数字。那么现在是不是一切都准备就绪了?如果在意大利的话,这样做可能就差不多了,但如果是在美国,这个小把戏很容易就会被税务局发现。实际上,如果这些发票是真的,那么以1为首位数字的发票数应该是以9为首位数字的发票数的7倍。

那么这一切下面都暗藏着什么呢?——本福特定律。其被定义为定律,而不是定理。在数学上,这意味着它不是完全适用于所有情况的,但是可以作为一个简单的指导方针来使用。另外,这更像是一个雇主和雇员之间的玩笑,如果这个定律被称为本福特定律,那么可以肯定的是本福特不是发现这个定律的第一人。实际上,这个定律是在19世纪由天文学家西蒙·纽康❶公布的。正如其他的天文学家一样,纽康要进行大量的数字运算,因此需要

---

❶ Simon Newcomb,美国籍加拿大天文学家和数学家。

用到对数表（我们之前讲过的，还记得吗？）。有
一次他休息时发现了一件很奇怪的事：对数表的前
几页的边缘明显比后几页脏，似乎他用到以较小数
字开头的对数的频率比较高。对于那些从来都不需
要使用对数表的人来说，如果要找出42、42000
和0.0042的对数，那么他们要找的是同一个因数：
4.2，因为对数表只给出了两位数的对数，即对数
的小数部分，而整数部分很容易算出来。纽康于
1881年写了一篇相关的文章，但是很快就被世人
遗忘了。直到半个多世纪之后，才有另外一个人重
新思考起了这个问题，这个人正是物理学家法兰
克·本福特[1]。那时，本福特就职于通用电气的研
究实验室，除了胜任实验室的工作外，他还收集庞
大的数据资源，囊括了各种各样的数字。1938年，
当本福特收集的数据中每种数字都超过20000的时
候，他利用这些实验数字发表了一篇文章，指出了
"现实背景下随机生成的数字中第一个数字大小的

---

[1] Frank Benford，美国物理学家。

分布规律"——本福特定律。

当然了，本福特定律的数学公式中使用了对数，这里就不展开介绍了，就简单地用饼状图来给大家展示一下不同数字的起始数字的百分比吧，这刚好跟对数表里起始数字的页数成正比。实际上，这些数字的起始数字表面上看起来是杂乱无章的，但这些数字的对数的小数点后的第一位数字却表现出了一致的规律。

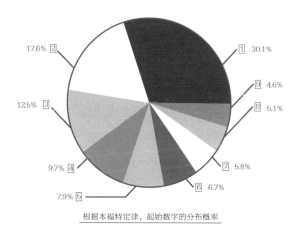

根据本福特定律，起始数字的分布概率

大家可以验证一下这个定律，选取足够多的统计数据进行排序，然后观察所有数字的起始数字。需要特别注意的只有一点：这些数字不能通过特定的过程产生，并且数量级要做出区分，不同数字间相互独立。像18岁青少年的身高这种数据就不行，我敢打赌，95%的数字都在100～199厘米之间；扔一枚硬币1000次，几乎可以断定正面朝上的次数得到的数字的起始数就是4或5了；那意大利的城镇居民人数呢？从几十到几百万，嗯，用这个来验证本福特定律最好不过了。

那这个定律到底存不存在？答案绝对是肯定的。我们只能说如果一个定律只存在于特定的数集中，那么应该是这样的：根本原因是所谓的标度不变性。假设以千克为单位的数字的起始数字符合一定的定律，那么把单位换成500克，也就是德国单位的1磅之后，这个定律应该同样适用。这样的话，所有原来起始数字是5～9的数字现在都要以1为起始数字。总之，正如上图所示，起始数字是

1的数字出现的概率应该是起始数字是5、6、7、8、9的数字出现的概率的总和。我知道，这就是所谓的"结果论证❶"，需要留待时间证明。不过，我一开始也说了，这不是个定理，只是定律。

维基百科有多重

我可以不带任何沙文主义❷色彩断言，恩里科·费米是20世纪最伟大的物理学家之一。一般情况下，费米总是与原子弹的设计和制造联系在一起：实际上，费米是整个研究团队的领军人，该团队以无可比拟和致命的方式展示了大规模核裂变的可能性。费米在物理学的其他方面也展现了惊人的才能，至少有两项猜想是以他的名字命名的。

费米悖论是从他在和同事们聚餐的时候说的一句话引出的。他们的谈话基于发现了UFO的假定，

❶ 指的是跳过基本步骤，常用于讲座或科学研讨会。
❷ 此处指盲目崇拜。

费米对此评论道："是啊，那它们都在哪儿呢？"这句话指出了一个现实中的事实——考虑到宇宙已经存在上百亿年了，如果真的存在那么多外星文明，我们连一点外星活动的痕迹都没有发现，比如电磁信号，不觉得奇怪吗？SETI计划❶也做过很多努力，但是并未取得较大的成果。我们可以针对费米悖论做出很多回答，不过这都是题外话了。

　　至少从数学的角度看，最有趣的就是所谓的"费米问题"了，尽管它诞生自费米和同事或朋友们的闲聊中。据说费米非常擅长在所给数据非常少的情况下进行运算，得出接近正确答案的结果。比如，他可以通过计算爆炸发生时冲击波使撒向空中的纸张移动了多少距离来计算第一次核试验的TNT当量。费米问题中最广为人知的是计算芝加哥有多少钢琴调音师。这看起来是一个不可能回答的问题，但是费米用一系列的简单推算向众人展示了一个合乎逻辑的结果：芝加哥大概有多少户家

———————
❶ 搜索地外文明计划，是对所有在搜寻地外文明的团队的统称。

庭；大约有多少拥有钢琴的家庭有定期调音的需求；调音师上门调音的时间大约需要多久，以及每名调音师一年大约工作多长时间。

我们拿个例子来试试看吧——把维基百科意大利语版的所有文字打印下来（双面打印）大概会有多重？我们来算算，截止到我写这本书的时候，维基百科上至少有100多万个词条，假设每个词条占1.5页纸，那么大部分词条都在一张纸上，还能留下很多空白处给我们涂涂改改。那么，我们就用不到100万张纸，姑且设为80万张双面打印的A4纸吧。这个时候，我们就得了解一下鲜为人知的小知识了：一张A4纸的面积大约是1平方米的1/16（往下看就知道为什么这么做了），每平方米的A4纸大约重80克，那么每张A4纸的质量大约是5克。因此我们可以得出问题的答案：400万克，也就是4吨。我不知道大家怎么样，我一开始还以为不止这个数呢。

要是我们不知道那个小知识呢？没关系，我

们可以另辟蹊径。大家也许还记得一张A4纸的大小大概是20厘米×30厘米，那么一令❶纸有500张，高5厘米，并且纸张的密度和水差不多。因此，500张A4纸大约是3000克，一张纸大约6克，这次我们估算得到的结果是5吨。啊哦，怎么会有两个答案呢？现在怎么办？没关系，只要记住我们不需要一个非常精确的答案就行了，我们又不需要为打印维基百科缴税，不需要算要粘多少张印花税票，有个估算值就够了。

对于估算来说，4吨或5吨真的没什么区别。当然，如果第二次估算的结果是100千克或者100吨的话，那就说明我们的估算过程肯定出了问题。出于好奇，我也请几个朋友做了估算，估算的结果在1.5吨到5吨之间，这算是个好的结果了，因为我们在数量级上保持一致，这也是对数的实际用途之一。实际上，这几个估算结果的对数也都在3.2和3.7之间。

❶ 纸张的计量单位。

费米的估算是拃距❶高级应用的一个典型例子，而我认为，拃距是估算科学的女王。拃距基本上是关于引出猜想的，我们可以给它定义一个用途，来帮助我们习惯用创造性思维进行思考。当需要算出真实数据的时候，拃距也可以发挥作用。从一方面看，如果算出来的结果和拃距估算的结果差别过大的话，那就表示有什么地方出错了，并不是说这个错误是在估算过程中产生的。总之，估算结果的过程也可以帮助我们了解需要在哪一步取得精准的数值。比如，在维基百科的例子中，整个推算环节最薄弱的地方在于对平均每个词条需要的纸张的估算。我们可以选取一定数量的词条作为样本，然后从这些数据中得到一个更精确的结果。这样又快又方便，不是吗？

---

❶ 指的是张开拇指和中指（或小指）来量长度，一拃便是两指间的距离。

中心之争

对于坚信宿命论的人而言，联盟数学是个复杂又令人失望的东西。而肯尼斯·阿罗获得诺贝尔奖也是因为他的定理解决了困扰学者长达几个世纪的疑问：在一场所有前提条件完全合理的选举（每一票都算数；根据选民的投票，任何结果都可能发生；有候选人中途停止参加选举之后，其余的候选人继续用同样的方式进行选举；选民一开始投反对票给候选人，之后不能再改为支持票）中，共有3名候选人，投票结果可能没有绝对的名次分别。总之，数学已经在某种程度上证实了在每个人的选举轮之后我们会发现：所有候选人都胜出了。但是从数学角度说，选举中也应该存在两极的结果，很明显有较多票数的人才应该胜出——这就是为什么两名候选人似乎经常如此相似。

大家想象一下，在一个长1000米的海滩上有两个卖冰激凌的小摊，并且形成了垄断（假设海滩上不允许其他人卖冰激凌），他们给沙滩上晒太阳和玩沙滩排球的人们提供冰激凌和冰棍。局外的观察者认为，最好的做法是在距离沙滩起点和终点各250米的地方摆摊，这样的话就把市场很平等地分开了，沙滩上的所有人都不需要走超过250米的距离就能买到冰激凌。

而靠近终点的小贩做了个很"聪明"的推理：如果我把我的小摊往中间挪100米，那我还是能留住原来的客户群，并且我现在不是在距起点750米的地方了，而是650米，那么对于在450 ～ 500米处的客人来说，我离他们更近一些，这样的话他们都会来我这里买东西！而靠近起点的小贩也不想自己的客人被抢走，于是他把移动的距离加倍，挪到了450米的地方。这样的话，他的小摊就在沙滩的中间偏左边。如此一来，他非但没有失去原来的顾客群，还能得到在500 ～ 550米处的客人。

经过一番移动，出现了新的格局：两个小摊彼此挨着摆在了沙滩的中间，而他们的顾客群还是跟原来一样；而对于在沙滩两头的顾客来说，他们得走过500米才能买到冰激凌。这真是最棒的结果了，不是吗？目前的位置达到了一种平衡，两个摊贩都不愿意离开中间的位置，因为他们都不想失去自己的选民，噢不对，是客人。

那么刚刚所说的投票机制也可以这么简单地来研究吗？显然不是。数学模型只是模型而已，只考虑到了现实情况中的个别方面。这里的问题并不在于假设沙滩上的游客是均匀分布的，如果不是以距离来进行计算，而是以游客来进行计算，并且两边各500人的话，计算的方法还是一样的。这也是数学中的一个重要规则：选对测量方法。

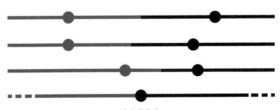

中心竞争力

糟糕的是另一种情况！还是来看沙滩的那个例子：要是沙滩两端的游客觉得走那么大老远的路就为了买个小小的冰激凌不值当怎么办？那么对应的小贩就会失去他们原以为胜券在握的客人，对于两个摊贩来说，他们丢掉的客源一样多。在这种情况下，沙滩两边可能会有新的摊贩进来，他们可以留住沙滩两边原先倍感失望的客人；可能客人的人数不多，但是这些客人却足够"忠心"，不会被原来的摊贩给带走。

那么最后，我们可以怎样修改这个数学模型来避免这种左右对立呢？在卖冰激凌的地方加一个新的摊贩，比如，卖面包的？总之，要记住：数学模型只是模型而已，它可以用充满趣味的方法帮助大家进行思考，但是未必一定要跟现实联系到一起。

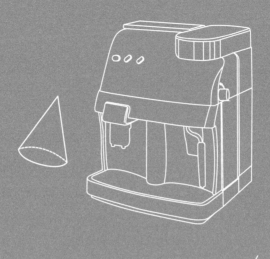

第三章

游 戏

加倍？想得美！

在 20 世纪，苏联第二大城市改了很多次名字，一开始被称为"圣彼得堡"，之后被本土化为"彼得格勒"，后来为了纪念列宁而又被改为"列宁格勒"，在苏联解体之后又被重新更名为"圣彼得堡"。想想每次所有的文件都要重新修正一次……对于数学家们而言，他们还是比较喜欢最初的名字——圣彼得堡，这不仅和欧拉❶有着密切的联系，还跟不可思议的圣彼得堡悖论紧密相关。大家想象一下此刻正置身于圣彼得堡的赌场里（圣彼得堡有赌场吗？还是说曾经有过？我们就假设有吧），然后大家发现在一个小厅里有个很特别的游戏。庄家说，只要玩就能赢。游戏很简单：参加游戏的玩家要付一定数额的钱，然后抛一枚硬币，猜猜是正面朝上还是反面朝上。假设玩家选的是反面朝上，

❶ Eulero，瑞士数学家和物理学家，近代数学先驱之一。

68

如果第1次抛的硬币是反面朝上，那么游戏结束，玩家可以得到1卢布；如果是正面朝上，那么玩家就继续抛硬币。如果第2次是反面朝上，那么游戏结束，玩家可以得到2卢布；如果正面朝上的话，则游戏继续。如果在第3次抛硬币的时候出现反面朝上，那么玩家可以得到4卢布；以此类推，第4次是8卢布，第5次有16卢布，之后不断加倍。假设赌场里有足够多的资金，游戏可以一直玩下去。就像庄家之前说的那样，只要参加就能赢钱。大家觉得要付多少钱才能取得参加游戏的资格呢？2卢布？5卢布？还是10卢布？

我们来算算，把所有可能出现的情况都列出来，然后和每个情况对应的概率相乘得到可以赢得的金额，最后把这些金额加起来。第1次抛硬币后，我们有1/2的可能性会赢得1卢布，然后结束这场游戏；在第2次抛硬币后结束游戏赢得2卢布的概率是(1/2)×(1/2)，即1/4，那么这样就算0.5卢布。以此类推，第3次抛硬币得到的钱是(1/8)×4=0.5卢布，第4次抛硬币得到的钱是（1/16）×8=0.5卢布。无数个0.5卢布的总和是无限多，因此，不管我们付多少钱给庄家，他都会客气地拒绝，因为他不想输钱。那为什么还会有这种游戏呢？这其中包含着什么呢？

很简单。因为在理论计算中，不仅仅是游戏要无止境地持续下去，赌场本身也要有无限多的钱来支持这个游戏。玩家赢的钱是呈指数增长的，此前我们已经见识过指数增长的迅猛了。大家可能还没什么概念，这么说吧，整个国家的产值大约是2000万亿卢布，而玩家只要赢51次左右就能赢这么多钱。确实，实际发生这种情况的可能性微乎其微，可以说是几乎不可能，但在数学上，"实际情况"这个词是不存在的。要是限定一个奖金的最大值的话，那么在游戏公平的情况下，游戏的成本可就小多了。如果最高奖金是100万卢布的话，那么平均奖金大约是11卢布；如果最高奖金是10亿卢布的话，也就是2000万欧元，那么平均奖金也只会增加5卢布，也就是16卢布，还不到0.3欧元……

当然啦，圣彼得堡赌场里的这个小厅是不存在的，甚至这个赌场都可能不存在。不过还是有很多玩家深信马丁格尔战略❶，这个理论是从一个硬币开始的简单组合中引出的，比如轮盘赌中的奇偶数、红黑色等。他们深信这个理论是因为他们认为当他们押中的时候，他们赢到的钱会比他们下注的总额要多。很遗憾的是，就算是马丁格尔战略，也要在赌场尤其是玩家的钱足够多，游戏能无止境地持续下去的前提下才能发挥作用。认了吧，赌场是不会错的，就算罕见地有那么几次是错了，我也不能保证你就一定能赢着回家。关于这个，待会儿再细说。

轮盘赌怎么赢

大家应该都知道，轮盘赌中把一个轮盘用0至36平均地分为37个区域。我从中选择一个数字，

---

❶ Martingala，指的是输钱后将赌注翻倍再下注。

如果转盘转动几圈之后出来的是我选择的数字，我就赢了；否则，我就输了。这个游戏获胜的概率是1/37，也就是大约2.7%。如果这个游戏有37名玩家参与，每个玩家选择一个不同的数字，那么游戏结束时赌场可以收走37枚筹码，那位幸运的赢家可以从中得到36枚筹码。假设你有105欧元的本钱，准备投同一个数字，每次投1欧元，这样你可以下105注，那么你赢得的钱比你投入的钱要多的概率有多大呢？10%？还是30%？

说出来大家可能不相信，这个概率大于50%！因为赢一次可得到36欧元，那么只要赢3次手上就有108欧元，也就是说赢3次就能使赢得的钱超过本钱。我们来算一下，下105次注，一次都不赢的概率是5.63%，只赢一次的概率是16.42%，赢两次的概率是23.72%，这些情况的概率加到一起一共是45.77%。因此，至少赢3次的概率是1－45.77%=54.23%。就连在美式轮盘赌中，为了保证规则对赌场比较有利，游戏中增加了一个0，在这种情况下，至少赢3次的概率还是达到了52.4%。这里面是不是有什么古怪？我保证我的计算都是正确的：大家有超过54%的概率能在这个游戏中回本。可惜答案虽是对的，问题却是错的。正确的问法应该是："从赌场出来后，玩家身上的钱平均有多少？"对应的答案是"102.16欧元"。对应输掉的钱是本金的1/37。真是一个有趣的悖论，不是吗？我试着用一个更富有戏剧性的例子来解释一下吧：俄罗斯轮盘赌。手枪里有6个弹仓，里面装有1发子弹，转动转轮，然后对着太阳穴开一枪。不过为了不那么残忍（我可不喜欢太血腥的场景），还是跟文字打交道比较好，那我们就把子弹改成一面写着"嘭"的小旗吧。游戏规则如下：如果是空枪的话，那么赌场要给你10欧元；如果出来的是小旗的话，那么你要给赌场1000欧元。就算不会丢掉性命，我觉得你也很可能会输：赔掉1000欧元的风险可远远大于你每次都赢得10欧元的概率。不过，是不是有那么一瞬间你会想到，6次机会里面有5次能赢钱，为什么不去试试看呢？

刚刚所举的轮盘赌下105次注也是一样的道理，只不过轮盘赌的情况更复杂而已。确实，赢钱的概率要比输钱的概率大；但是在大多数情况下，赢到的钱都是九牛一毛，不值一提，却有很大的可能性会输得一塌糊涂，甚至输得精光。换句话说，就好像有个人从井里向上爬，他每次能爬1米，一口气能爬六七次，但是爬完会下滑10米，那么到最后他比原来所在的位置还要低，哪怕他看起来一直是在往上爬的。

而我所说的关于圣彼得堡悖论的马丁格尔战略中，一旦限定了赌金的多少，便会暴露出同样的问题。假设你带着127欧元进了一家赌场，选了一个比较简单的游戏（红黑色/奇偶数/买大小），然后下注1欧元。如果赢了的话，那么就带着钱离开；如果输了，就加倍投注。要是第2次赢了的话，停止投注，拿钱走人，实际赚到的钱有1（4-1-2）

欧元。以此类推，每次输后都把赌注加倍，直到赌赢为止。按照这样的做法，输到第7次，身上的钱就会输光，而这时人们才明白自己不适合赌博。

那么输光的概率到底有多大呢？在没有0的简单游戏中，每次下注输掉的概率刚好是1/2，因此输光的概率是1/128。而在增加一个0的美式轮盘赌中，规则对赌场来说更有利，那么输光的概率就更大，不过始终会低于1%。这意味着在99%的情况下你可以跟朋友炫耀"看到了吧？我去赌场了，还赌赢了！"但可惜的是还有一种情况是你会输得一干二净。总之，那些一直标榜说"我知道一个诀窍，可以在赌场上所向披靡、万无一失"的人是有自己的道理的，但正如我所说的，答案是对的，问题未必也是对的。

下双倍的注，能赚双倍的钱吗

在当前这个时代，信息技术飞速发展，人们的健康意识也不断提高。在意大利，几乎没人会到烟草店去买邮票了，也可能是因为人们觉得听到的回答会是"我们早就不卖这个了"。而去烟草店买烟的人也变少了，人们更多的是去烟草店买上几张彩票，赌一把运气，看看能不能通过这个改变自己的人生。但即便刮刮乐中奖了，人生也未必会因此改变。在刮刮乐里，跟你对赌的是卖彩票的，毫无疑问要中奖是难上加难；而在"赢得一辈子"❶里，从1 ~ 20中抽出10个数字，而玩家也对应选择10个数字，这是一场玩家之间的比拼。2010年3月13日19点，彩票摇出来的10个数字是1 ~ 10，一共有59名玩家中奖（大概他们都认为没人会那么蠢选这10个数字吧）。按规定，他们每个月能拿

---

❶ Win For Life，美国的一种彩票形式。

到67.8欧元，一直拿20年。游戏的秘诀在于不仅
仅考验数学的应用，当然，也有运气的成分，还要
考验对心理的揣摩。真是相当复杂。

我们回到"赢得一辈子"的话题上，有趣的是
这种彩票有个很独特的地方，第一眼看到可能会觉
得有点奇怪。除了上面所提到的奖金以外（这里暂
时不考虑额外的奖金），部分奖金还会被分配到其
他地方：只猜中了7、8和9个数字的人也能得到
奖金，虽然奖金不多。跑个小题：猜对的数字少，
赚到的奖金少，并不意味着你就没别人聪明。很简
单，要猜错的话有很多种方法，它们都会带来同一
个结果——输钱，而要猜对全部数字却只有一种
途径。不过正如我说过的，"赢得一辈子"这个游
戏非常贴心，也为运气没那么好的玩家做了打算。
这样的话，如果玩家下的赌注是2欧元而不是1欧
元，即使他选错了所有的数字或者最多只猜对了3
个数字也能赢到奖金。如果抽中的数字是10，而
玩家选择的是1，得到的奖金跟选择10是一样的。

同样，选择2对应的是9，3对应的是8，4对应的是7。

这种规则是为了保护运气较差的玩家，还是说只是一种对彩票方更有利的规则？好吧，要不要把赌金加倍可是大相径庭的！如果大家知道从哪里开始下手的话，那么跟大家解释起来就很简单了。（没错，大家说得对：最难的地方在于需要做些什么。不过大家再想想，找对正确的思路和让自己开始动脑子哪个更有趣？）前面解释过，开奖抽出的10个数字是在20个数字中产生的。一旦你选中了10个数字，那么你大概会觉得有个跟你唱反调的人买了剩下的10个数字。很明显，开奖的数字要么在这张彩票上，要么在另外一张上，不可能同时出现在这两张彩票上，如果你选择的是 n，那么另一个人选的就是 10 - n。不过所有可能出现的结果、出现的概率都是一样大的，因此，如果你和另一个人在开奖前交换了彩票，结果也没什么两样（当然啦，要是你预先知道了开奖结果的话就另当别论了）。因此，买 n 中奖的概率和买 $10-n$ 中奖的概率是一样的，通过把赌金加倍来赢得猜中其他数字是个合理的想法。

不知道大家发现了没有，我并没有去计算猜中一个数字的具体概率大概是多少，我只是把配对的数字放到了一起举例而已。数学家就是喜欢偷懒，如果不是被逼着的话是不愿意去做计算的，比如 20 号的小球被抽中的概率比其他数字小（这种情况下才会去进行计算）。面对问题时不要自己吓唬自己，快去找解决问题的捷径吧！

最"差"的人赢了

通常来说，温布尔登网球公开赛会因下雨延时，不过在 2010 年却出现了一点不同：约翰·伊斯内尔[1]和尼古拉斯·马胡特[2]两人的比赛持续了 3

---

[1] John Isner，美国职业网球运动员。
[2] Nicolas Mahut，法国职业网球运动员。

天。在最后一盘中，伊斯内尔以70∶68的比分击
败了马胡特，打破了网球史上持续时间最长的纪
录，人们从未想过会出现这么大的数字，连电子记
分牌都一度瘫痪。像这样长时间的体育比赛并不少
见，想想足球比赛的点球大战，其中一队罚球射
门，守门员又救下了这一球。不过，网球的情况比
较特别，像这样反常的例子中，最终的获胜者得到
的分数可能更少。事实上，网球比赛，和排球比赛
一样，不是依靠单独的一局比赛来决定胜负的，而
是要进行好几局比赛。在网球比赛中，多局比赛构
成一盘。这就意味着比赛结束后获胜的选手赢得的
分数可能比对手还要少。例如，在对手赢的某一盘
里，最终获胜者一分也没有拿到，而对手在这一盘
里拿了整场比赛最多的分数，不过最后对手还是输
了。但获胜的最低百分比是多少呢？假设你们就是
那位"偷懒的获胜者"，我们来计算一下。

　　网球的计分规则多有趣我们暂且不表，在一
局比赛中，先得到4分且净胜2分的选手获胜。因

此，你可以在前两盘里以0∶6、0∶6的比分输掉，一分不得，这样的话对手和你的比分就是48∶0。从现在开始，就要进行真正的较量了！什么样的比分对于赢得一局比赛是比较不利的呢？ 4∶2吗（40∶30就开始决胜了）？ 5∶3（40∶40平手，然后再赢两球拿下这一局）？ 6∶4？还是其他的比分？正确的答案是第一个。有三种方法可以进行解释：一是自己进行计算，二是相信我，三是观察发现比分越多打平的可能性就越大，然后推算出比分少的情况下会怎么样。计算每一盘的比分时也是一样的道理，大家可以发挥一下聪明才智，判断一下是6∶4的比分好还是7∶6的比分好（抢七的时候以7∶5结束）。第一种情况下可以以24分赢得该盘，此时对手的分数是28分；第二种情况下则是以31分赢得该盘，对手的分数是41分。毫无疑问，后者的情况更不利一些。

我必须重申一下，在前两盘一分未得的情况下，如果第3盘和第4盘是以7∶6（7∶5）、7∶6

（7∶5）的比分结束，每一局假设输掉的一方得
分为0，赢的一方得分为30，最后分数的比值是
63∶130。到了第5盘比赛，因为温网不同于其他
比赛，出现5∶5的情况时，必须继续比赛，直到
一方赢对方2局才算获胜，对我们而言，最好是在
6∶4的时候结束比赛。最终，有可能以86∶158的
比分赢得比赛，这样的话则不到总分的35%。我是
不相信会有这样的比赛发生的，如果真的有，那我
就得怀疑里面是不是有人作弊了。不过我得说，要
是网球比赛中真有点什么的话，那也不赖。

把纸牌翻过来

从一副纸牌中取出13张黑桃，打乱顺序，然
后在水平方向排成一排，看一下最左边纸牌上的
数值（跟平时一样，A代表1，J、Q、K分别代表
11、12和13），从左往右数出该数值张纸牌，然
后调换这些纸牌的顺序重新摆放。例如，一开始

的纸牌顺序是6KX594287QA3J（X对应的数字是10），第一张纸牌上是6，就把前6张纸牌调换顺序，成为495XK6287QA3J。重复这个操作，这次第一张纸牌是4，则把前4张纸牌调换顺序，一直到最左边的纸牌是A。单从这一点看，这个游戏没那么好玩，调转纸牌顺序这个任务太简单了。不过我要问的是另一个问题：我们能确定到了最后最左边那张纸牌就是A吗？

答案是肯定的：黑桃A早晚都会出现在纸牌的最左边，并且不管纸牌是不是13张，结果都一样。重要的是纸牌的数字是升序排列的。原因不复杂，不过需要保持注意力（之后你就可以向朋友们展示一下你的数学才能，惊呆他们）。首先要考虑的是包含n个元素的数字排列次数是有限的，那么就会发现把$1 \sim n$个数字相乘，可以得到$n!$（n的阶乘），不过我们不需要知道这是多少。另一方面，移动了一定次数的纸牌之后，如果出现了之前已经出现过的排列顺序，那么接下来的排列我们也可以推测出来，这就意味着进入了一个排列的循环。要记住的是不要把纸牌的顺序打乱，只是把顺序颠倒一下而已，这个操作起着决定性的作用。如果开始的点相同，那么结束的点也是一样的。调换顺序的操作是没有必要进行记录的，495XK6287QA3J的排列结果可以从826KX5947QA3J中获得。这不仅在数学中很常用，在生活中也很常见——并不是说你可以沿着路往回走到达目的地。总之，因为排列的结果是有限的，所以排列的顺序迟早都会进入周期性循环，只是不知道需要多久而已。如果我们想验证这个周期是1，也就是说序列恰好是以A开头的，那么我们就要观察纸牌K有没有在最后的位置上出现过（因为上一次调换顺序的时候K是第一张），我们都能肯定K一定在那个位置上。要改变它的位置，我们必须把13张牌的顺序都颠倒，要做到这一点，前提是K有分身术，既出现在第一位，又出现在最后一位。更广泛地说，如果m张纸牌中数值最大的纸牌在最后一位的话，那么这张纸牌的位置会一直保持不变。

好的，我们此前说过，如果多次颠倒纸牌的顺序，那么纸牌的排列规则会有一个周期性的变化。如果周期是1的话，那么第一张纸牌便是A，这正是我们想要的结果。如果不是呢？我们来假设一个周期，然后验证这个周期不可能大于1。我们考虑一下在这个周期中所有可能出现在第一位的纸牌的情况，然后把其中最大数值的纸牌设为k。此时，k为序列中的第一个数字，那么从$k+1$到K就在从$k+1$到13的位置上。按照要求颠倒了前面k张纸牌的顺序之后，纸牌k变到了第k张的位置上。不过这意味着从这次开始，第一位的位置上出现的是1至$k-1$的某张牌，而纸牌k不会再回到第一张纸牌的位置上，这和我们一开始假定的情况不符，除非$k=1$，如此我们可以证得周期是1。

在验证过程中，我使用了一个比较深奥的概念，不过意思很简单：单变量。大家也许听说过不变量，即数值永远不会改变。比如，在一个多面体中，F代表面数，V代表顶点数，S代表棱数，$F+V-S$的数值永远等于2。而单变量没有不变量这么死板，数值是可以更改的，不过要在一个方向上进行改动——要么永远不会减少，要么永远不会增多。在我们刚刚用的例子中，单变量是纸牌的数量，而纸牌最后一位的数值是不变的，这样慢慢增加到13。变量和单变量的作用真的很强大，我们所做的考虑都不值一提，但是最后出来的结果却令人意外。这就是数学家们另一个狡猾的地方——他们往往把简单的计算藏起来，只给观众看最后的结果。

公平和偏私的骰子

我一直都不懂，为什么人们在玩地产大亨❶和战国风云❷这样的游戏时会靠掷骰子来决定谁先走

---

❶ Monopoli，一种桌游，英文名为Monopoly。
❷ Risiko，一种桌游，英文名为Risk。

第一步，谁的点数高谁就赢。问题不在于掷骰子，掷骰子的结果应该是随机的。（啊对了，大家知道吗？正规的骰子里都有一个小球，否则就难以保持平衡，不过这增大了平局的概率。）我们先从两名玩家开始，口袋里只有信用卡没法抛硬币？或者这个游戏必须用到骰子，所以不得不掷骰子？掷一枚骰子，如果点数是偶数的话则某个人先开始，奇数的话则另一个人先开始，怎么样？要是这也不行，对于谁掷骰子没达成一致呢？这时候就要用到数学了，来看看数学是怎么做到让掷骰子变得最公正的。这时不再是传统意义上的 1 ~ 6 个点数了，而是具有以下这两条特性：

1. 不存在平局的情况；

2. 每一枚骰子的获胜概率是一样大的。

只有一个玩家的话没什么意思，他永远都是获胜者。如果有两名玩家的话，这就要求骰子上的点数是不一样的，为了方便计算，我们把点数编码为 1 ~ 12。其实不是很难，按照第 2 条特性，我们可以选择两个数集，比如{1,3,5,8,10,12}和{2,4,6,7,9,11}。这样分组的秘诀在于从6组数字(1,2)、(3,4)、(5,6)、(7,8)、(9,10)、(11,12)入手，再按照两个骰子把配对的数字进行拆分，使得每一组分别有3个比较小的数和3个比较大的数。把骰子上的点数编为1～12不是必须的，也可以划分为{1,1,1,4,6,6}和{2,2,2,3,5,5}。当然了，这时就不能用两个标准的骰子了，最多一个正常的骰子，而另一个骰子上的数字是{0,5，1,5，2,5，4,5，5,5，6,5}，如果大家不觉得十进制很麻烦的话。或者也可以增加一条规则："点数大小一样的情况下，如果点数是4、5和6的话，那么第一个玩家获胜，否则为第二个玩家获胜。"好吧，那大家就要跟玩家解释好规则咯？相信我吧，还是专门造两个骰子比较好，这样争议比较少。

有3名玩家的话，那我们就需要造3个不同的骰子，然后按照1～18进行编号，那要怎么分配呢？可以参照之前的做法，这次考虑用6种方式对

(1,2,3)进行排序，就好像一个骰子有6个面那样。不过排序的时候要小心点，因为较多数字的排列结果要比3个数字多，而不是所有的排列方式都是行得通的。下方左边是3个数字的有效排列结果，右边是对应骰子的数值。

2 2 3 1 1 3　　{2, 5, 9, 10, 13, 18}

1 3 2 2 3 1　　{1, 6, 8, 11, 15, 16}

3 1 1 3 2 2　　{3, 4, 7, 12, 14, 17}

要验证这些骰子是否符合第2条特性非常简单。想象一下，在指定的位置旁边有1～6的辅助数值。为了保持对称，如果辅助数值是不一样的，那么就没有问题；如果辅助数值是一样的，为了区分骰子，排列必须绝对公平。麻烦的地方在于如果有4个玩家的话，骰子有6个面，不能平分到4个人身上。这时不妨考虑12面体，可以同时整除2、3和4。罗伯特·福特（Robert Ford）和艾瑞克·哈什巴杰（Eric Harshbarger）因此设计了多面骰子并进行销售，这些骰子的点数如下所示。

{1,8,11,14,19,22,27,30,35,38,41,48}

{2,7,10,15,18,23,26,31,34,39,42,47}

{3,6,12,13,17,24,25,32,36,37,43,46}

{4,5,9,16,20,21,28,29,33,40,44,45}

通过掷2枚、3枚、4枚这样的骰子，可以使这些骰子具有额外的特性，每一个骰子都有相同的可能性处在任意一个对应的位置上。因此，这些骰子不仅可以用来决定胜负，还能在玩家之间建立顺序。这时，就只能去买这些骰子看看是不是真的有这些用途了。不过，这不是我的问题所在。我在想，能不能做5个20面体的骰子来给5个玩家使用，可惜的是这对于3个人来说不适用，并且也没人愿意为我造这样的骰子。

不过还是得说，对着干是真的很有趣。假设有一个绿色的骰子，上面的数字是{2,2,4,4,9,9}；有个白色的骰子，上面的数字是{1,1,6,6,8,8}；还有个红色的骰子，上面的数字是{3,3,5,5,7,7}。大家算一下就会发现，平均算下来，绿色骰子会赢

白色骰子，白色骰子会赢红色骰子，红色骰子会赢
绿色骰子。这有点像石头剪刀布，布能赢石头，石
头能赢剪刀，剪刀能赢布。不过这对你有利的地方
在于，你可以给对手选择任意一个骰子，然后再选
择一个"对的"骰子。不觉得比起公平的骰子来
说，这种不公平的骰子更有趣吗？

秘书选择

我们生活在一个存在性别歧视的世界。性别歧
视的例子常被当成笑料和逸事的谈资。当数学家们
讲起这些逸事的时候，好处在于不会存在性别歧
视，因此女性们可以冷静面对男性；不好的地方在
于数学家们谈论得更多的是问题而不是趣闻。现在
这里就有两个问题，这两个问题相互区别，但是内
在又有一些联系。

第一个问题，一个秘书准备了16封信和16个
对应的信封，但是他太沉迷于观看Facebook上最

新最火的视频，以致随机地把16封信放进了不同的信封里，那么没有一个收件人收到对应的信的概率是多大？

第二个问题发生在幸福的从前，那时找工作可比现在容易多了。有16个候选人竞争秘书的岗位，人事部门把他们一个个叫过来面试，然后进行打分。麻烦的地方在于不能事先收集所有的分数，然后把最好的候选人叫回来，每次面试完一个人，当场就要决定要么面试通过，要么另选他人（已经跟大家说过了，这个故事是虚构的）。有多大的概率能选出最好的候选人而不是因为其他人都没通过所以就将就着选了其中一个人呢？

在第一个问题中，大家可能已经猜到了，这涉及组合计算。我们需要找出一个公式来计算出在一个集合中n个元素的排列可能，并且集合中没有任何元素在初始位置。尽管大家已经学习过排列组合了，但大家未必知道这种情况下的排列组合叫什么——这似乎是数学中被保护得最好的秘密之一。

好吧，这个在意大利语里面被称为dismutazioni，而在英语里面更常用的术语是derangement（错排问题），这个词很生动地描绘了我们这个问题的情形。n个元素的错排问题也是可以用符号进行表示的，就像阶乘所用的感叹号一样，不过错排问题的感叹号写在数字的左边，而不是右边，那么n个元素的错排问题可以记为$!n$。在这里我就不写错排问题的具体计算公式了，可以告诉大家的是其中10个元素的排列占总数的大约37%。用另一种方式来说，如果我把一副牌打乱，然后每掀开一张纸牌就说"红桃A，红桃2，红桃3……"，那么有63%的概率能至少猜对一张牌。

在雇用问题中，解决问题的最好办法在于对一定数量的候选人进行评估，看看他们中谁的得分最高，然后选择得分最高的候选人（如果没有的话，那就只能选择最后那名候选人了）。问题在于：要选多少名候选人进行评估呢？答案是：如果有16名候选人，要选6名。我是怎么算出这个数字的呢？我选择了最接近总数的37%的那个数字。这又是一个百分比的例子吗？我没有办法找出这两个数值间的联系的直接证明，但是37%绝对不是一个偶然的数字。事实上，这与1/e有关，e是数学中经常出现的一个常数，比2.718要大一点。从某种意义上来说，这甚至跟 π 有联系。在一些情况下，使用2π（6.28…）要比直接使用 π（3.14…）更合适，而常数e则常常被人们遗忘。

在雇用问题中，这样的理论是非常优雅的，就像数学家们喜欢说看到自己喜欢的数字出现在结果中的心满意足，不过，现实是很不一样的。我上面所讲的选择中，必须选择一定数量的绝对随机值，没有任何上限，如此才能完美地进行操作。但如果选出的候选人是介于9分和10分之间的，那么按照算法一定会抓狂，恨不得有个9.5分的候选人。正如伽利略所说，数学是有用的辅助工具，但是现实世界并不是那么契合数学的。

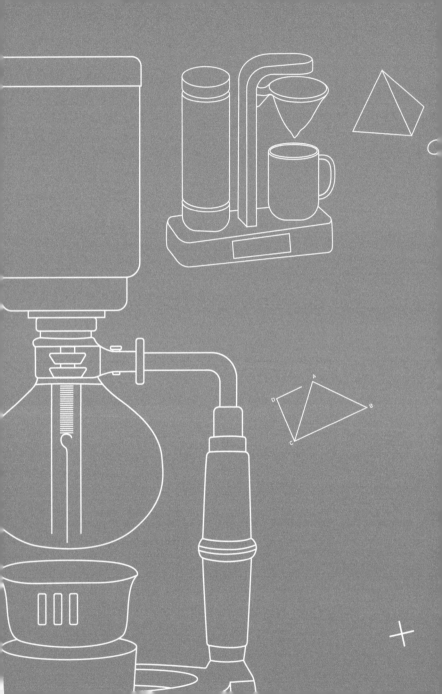

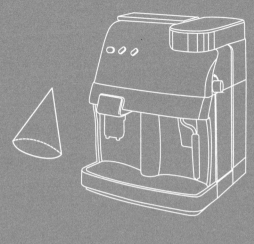

第四章

畅　游

再建一条高速公路真的有用吗
旁边的队伍永远比较快
我朋友的朋友比我多
难以捉摸的电梯
公交车
走走停停
漫步

再建一条高速公路真的有用吗

大家都知道，从鸭堡到鼠城有两条不同的路，一条从猫村经过，一条从狗堡经过。每天早上有4000个人乘车从一个城市去往另一个城市，从猫村到鼠城和从鸭堡到狗堡的路都比较宽敞，路程大概都是50分钟，而剩下的两段路都是山路，经常塞车。通过这两段路的其中一段所需要的时间为$N/100$，N代表路上的汽车数量，当路上的汽车数量少于1500辆的时候，通过这段路需要的时间下限为15分钟。经过一段时间的磨合之后，路上的汽车数量慢慢固定下来了，大约是2000辆，那么这段行程所需的总时间是2000/100+50=70分钟。

而猫村和狗堡离得非常近，所以朱巴尔公鸡想建一条城郊环形高速公路连通两座城市，这样只花5分钟就能从一个城市到达另一个城市。史高治舅舅本来想参与这条高速公路的修建，但是听说这次工程由布里吉姐负责之后便拔腿就跑。因此，最后罗兰鸭成功拿到了标书。

　　大家觉得这条公路修建完成之后会怎么样呢？很简单：所有的汽车都会发现有一条更便捷的通道。鸭堡—猫村—狗堡的路程现在需要4000/100+5=45分钟，而从鸭堡直接到狗堡需要50分钟。但是，如果所有的车都挤到新的公路上，那么这段路程就需要4000/100+5+4000/100=85分钟，就算这是条新路（没错，就是因为这条新路！）。人们义愤填膺，罗兰鸭不得不毁掉这条公路，然后像之前一样回去啃礼帽。

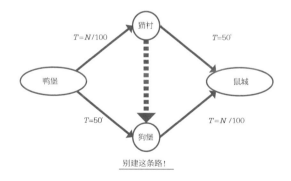

别建这条路！

当然了，乔治·卡瓦扎诺❶并没有设计这样的故事情节，但是里面的数学道理都是真的，并且还有一个名字：布雷斯悖论。这个悖论是以德国数学家布雷斯的名字命名的，他是首先提出这个悖论的人。为了了解悖论背后的内容，我们需要对博弈论进行解释，这是数学和经济学中的一个分支，部分数学家也因此而获得了诺贝尔奖，准确地说是"瑞典国家银行纪念阿尔弗雷德·诺贝尔经济科学奖"，即诺贝尔经济学奖。这里的博弈并不是指我们所说的下棋、桥牌或者扑克牌，而是指两个或多个参与者之间的相互联系，并且参与者在博弈过程中利用这种相互联系使自己利益最大化。通常，人们所学的都是简化了现实世界的模型，这就解释了为什么其中包含了经济学，以及为什么理论和实际存在如此大的差距。通常来说，就像这个例子一样，博弈都被归类到非合作里，因为参与者都只在乎自己的利益，而不管其他。总之，有点像在说有人为了赚

❶ Giorgio Cavazzano，迪士尼系列角色主创之一。

更多的钱杀了自己的奶奶。在非合作博弈里，存在一个或多个博弈策略，这被称为"纳什均衡"（电影《美丽心灵》中有所提及）。在纳什均衡中，任何参与者都不能改变自己的策略，否则就会输掉游戏。上面一开始所讲的乘客的安排就是一种纳什均衡——只要有一辆汽车换了路走，那么那条路就会变得更拥挤，汽车行驶得就更慢。麻烦的地方在于建了这条路之后，纳什均衡就顺着这条路"跑了"。最聪明的解决办法是当作新路不存在，不过这就变成合作博弈了，需要所有人达成共识，因此不适用。如果有人没有选择那条新路，那对其他人来说他们就亏了，然后大家又会做出更改。

另外，还有其他因为长期以来的自私而导致溃败的例子，比如接种疫苗。一般来说，疫苗有并发症的概率很小，如果有人决定不给他的儿子接种疫苗，那毫无疑问是对他有利的。因为如果其他人都接种了疫苗，那么这个病就不会再散播开了。要是很多人都有这样的想法，那么最后这个病就会肆虐人群，一发不可收拾。

而布雷斯悖论则更令人印象深刻，在我们举的例子中，只是增加了可用的选项而已。现实生活中也是有真实案例存在的，不仅包括交通，还有其他的领域，比如电流的分布等，这些操作中都能看到布雷斯悖论的存在。计划经济管理者可能会发现自由市场到最后也不是灵丹妙药，环保主义者则有了新的理由来抗议修建高速公路的行为。我只能说，这不是数学的错。

旁边的队伍永远比较快

墨菲定律最出名的例子之一就是"旁边的队伍永远比较快"。比如，我们在超市买东西，结账的时候选了一条队伍排队，那么我们这队的收银员肯定不如其他队伍的那么灵活；如果我们在排队之前先观察了一下，避开了那条排得比较慢的队伍，那么在我们这一队肯定会出现有人因为价格而抱怨，然后导致整条队伍变慢的情况，等等。这个时候，除了指望运气也别无他法——当我们排队的时候，可以观察一下每条队伍谁排在最后面，看看谁会先结账。同样的情况如果发生在公路上，那么答案就完全不同了，正如保罗·克鲁格曼❶和史蒂夫·斯卓格❷多年前在《纽约时报》上所讨论的那样。我们来看一下如何用数学解释我们所在的车道移动速度慢的原因，这对于另一条车道来说也是适用的。不可能吗？不，在数学中完全可能。

假设我们在一条长4千米的双车道公路上，这里不是真正意义上的减速排队——前一半路程是以10千米每小时的速度行驶的，后一半路程以30千米每小时的速度行驶。为了方便计算，我们假定没有人超车。（我知道这样的假设很荒唐，毕竟在意大利，汽车飘移是仅次于足球的第二大运动，我们就这样假设着吧。）那么会发生什么呢？很明显，

---

❶ Paul Krugman，美国经济学家。
❷ Steven Strogatz，美国数学家。

两条车道上的车会同时通过这段4千米的距离，而大家都知道不是12分钟，可以看作全程是以20千米的时速行驶的。时速10千米的时候每千米需要6分钟，时速30千米的时候每千米需要2分钟，因此一共需要花费16分钟。那我们再看一下会发生些什么。在这16分钟里面，当你跑完速度比较快的4分钟之后，剩下的12分钟就会开始嘀咕：为什么其他人开得比我快？我画了一张图，可以看到，相同的情况也会发生在隔壁车道的司机身上。不过还有更令人吃惊的结果，如果隔壁车道在拥挤的时候时速是5千米，其他时候时速是20千米的话，很明显，他们通过这4千米的距离花费的时间要比你长。但是按照上面的分析来看，你还是会抱怨为什么别人开得比你快。

双车道车队示例

在数学中，这种行为被称为雷德梅尔悖论。为什么在超市排队的例子中没有出现这个悖论呢？难道是墨菲比较喜欢超市的购物车？当然不是啦。在开车的例子中，我们假定了汽车通过的距离是一样的，因此我们可以对空间进行把控。而在超市排队的时候，这个就变得微不足道了，因为我们对于这段距离有多长不感兴趣。如果我们把可控因素改成时间的话，总时间的20%中提高车速，剩下80%的时间减缓车速，那么这个悖论就不存在了，然后墨菲定律又开始大行其道了。我们可以弄清楚车道突然变化和减速的幅度突然变化后会发生什么，不过这个可以放到后面再说。

我朋友的朋友比我多

《花生漫画》❶里的伙伴们把桌子布置好来庆祝情人节派对，孩子们手上都拿着情人节卡片（在美

---

❶ Peanuts，美国著名报纸连环漫画，包含了查理·布朗、史努比等经典角色。

国，不仅情人之间会相互交换情人节卡片，朋友之间也会相互交换）。派对结束之后，孩子们都带着一叠交换来的情人节卡片回到了家里，只有查理一个人闷闷不乐，两手空空地待着。好吧，大家可能会说：查理从来都没有受到重视，没人发现每个人拥有的朋友都比查理要多。而事实上，我们中的大部分人都是查理。我们确实有朋友，但是我们的朋友拥有的朋友比我们还要多。这种像绕口令般又像悖论一般的言论是通过经验得到验证的。2011年5月，有两位博士生——约翰·尤甘德（Johan Ugander）和布莱恩·卡勒（Brian Karrer），他们拿到了Facebook的完整数据，那时Facebook的注册用户仅有7.21亿。通过研究朋友关系网络，他们发现有93%的用户的朋友拥有的朋友数量比他们自己多。一个用户平均的粉丝数是190个，而他朋友拥有的粉丝数是他的3倍多，准确地说，是635个。可能有人怀疑：这是不是个圈套啊？数据是假的吧？问题的答案一如既往地简单，不过我们可以先放一放。

我们来举一个不同类型的例子吧。为了让自己保持完美的体型，我沉迷于举重。我不敢保证我已经锻炼成了一个肌肉男，不过我的身材还是在平均水平上的。然而，我每次走进健身房，都觉得健身房里到处都是健美运动员。这不是我最担心的东西，我对这些很在行，但是第一眼看到的时候还是觉得有点困惑。造成这种异常的原因可能是什么呢？一个健身爱好者，去健身房的次数肯定比普通人多，碰上健美运动员的概率也就更大，因此会造成经常看到这么多身材健美的运动员的感觉，事实上这些人在健身房的比例并没有想象的那么高。

第二个例子：假设你是一名老师，教授两名课程，一门是入门课程，有90名学生；另一门是进阶课程，只有10名学生。从老师的角度看，毫无疑问，平均每个班有50名学生。而从学生的角度看呢？对于学入门课程的那90名学生来说，他们班是由90名学生组成的；而对于另外10名学生来说，他们班是由10名学生组成的，因此学生的平均数应该是(90×90+10×10)/(90+10)，因此平均每个班有82名学生，又一次产生分歧了。这个模式应该更清晰：产生分歧的原因在于一个是从客观角度（学生的数量）计算的平均数，而另一个是从主观角度（同班同学的数量）来计算的。当参考集存在差别的时候——不常去健身房的客人比较少待在那里，而健身房的常客常常出现在那里，两个班中一个班的学生很多而另一个班很少，这时会使用集合中的所有元素作为参考来计算平均值，拥有更多联系的元素在计算中占的比值会更大，从而影响整个平均水平。如下图所示，我们先用少量数字来试一下。

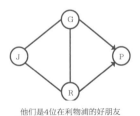

他们是4位在利物浦的好朋友

圆圈里面表示的是人，把他们连接起来的线段表示他们相互之间的关系。我们把每个人拥有的朋友数进行相加，就能得到2+3+3+2=10个朋友（每个关系都计算了两次），平均到4个人身上，每个人有2.5个朋友。现在我们来计算一下"朋友的朋友"的平均数。我们这样来进行定义：我们把每个人拥有的朋友都算进去，然后找出这些朋友的朋友，算平均数。约翰（J）有两个朋友，即乔治（G）和林戈（R），他们俩分别有3个朋友；对于保罗（P）来说也是一样的情况，那么他们之间的平均数就是（3+3）/2=3。乔治和林戈各有3个朋友，其中两个（约翰和保罗）有两个朋友，而另一个有3个朋友；他们之间的平均数是（2+2+3）/3=7/3。因此，总的平均数是（3×2+7/3×2）/4=8/3，这比我们最开始算出来的2.5要大。朋友关系网络越分散，那么算出来的两个平均值差距就越大。如果我们在这个朋友关系图中再加一个人——埃莉诺，她只有林戈一个朋友（林戈的朋友可真多啊），那么朋友的总数就是12，平均数就降为2.4了。而朋友的朋友的平均值则为3.13，比原先还要多！Facebook的那个调查也是类似的原理。

不过，注意啦！这个表面上看起来像悖论的理论只对Facebook有效，如果在Twitter（推特）网上做同样的研究，会得到完全不一样的结果。事实上，关注一名用户这个行为不是相对的，A可以关注B，但是B可能根本不知道A是谁。因此，在班级的例子中，班里所有的同学都和其他人对应建立了同学的关系，那么这个例子里的乘数因子就不再适用了。总之，Twitter不是简化版的Facebook，至少它们之间存在背景差异。

难以捉摸的电梯

在《益智数学》一书的前言中，作者乔治·伽莫夫（George Gamow）和马尔文·斯特恩（Marvin Stern）提到了在1956年的夏天，他们在康维尔公司❶的大楼里工作。斯特恩是公司里的职工，在6楼工作；而伽莫夫作为公司的顾问，在2楼工作。后者经常乘电梯去找前者，慢慢地，他发现平均6次里面有5次先到的电梯是往下走而不是往上的。于是，伽莫夫问斯特恩康维尔公司是不是在顶楼制造电梯，然后把电梯往下开。斯特恩回答说："不是吧！你试试往下乘电梯看看会怎么样。"过了一段时间，伽莫夫说："你说得对，我想搭电梯下去的时候，6次里面只有1次电梯是往下的。你们是不是在地下室制造电梯，然后打算把它们送到楼顶让飞机运走？"斯特恩回答说："当然不是啦！从你的这些经验来看，刚好可以验证这栋楼有7层啊！"（我记得在美国是没有0层的说法的，他们的一楼就是第一层楼。）那么到底是怎么回事呢？

如果假设只有一部电梯，并且这部电梯在每一层楼都会停下，从一层到另一层的时间是1分钟，那么这个问题就很好理解了。如果一个人10

---

❶ Convair，美国飞行器制造公司，后来将业务扩展至火箭和航天器。

点的时候在1楼，那么10:01的时候他就到了2楼，
10:02到3楼，一直到10:06的时候到达7楼。这
时电梯开始下降，10:07的时候到达6楼，10:08
的时候到达5楼，一直到10:12的时候回到1楼。
如果伽莫夫在10点到10:01之间到达2楼电梯间
的话，那么电梯刚好是上升的；如果是在10:11和
10:12之间到达的话，那么电梯就是处于下降状态
的。在6楼的话情况也是相对应的。讨厌的地方在
于，现实生活中，如果我们所处的地方上面的楼层
比下面的楼层多，那么电梯往往是在我们的上面而
不是在我们的下面。那么问题来了：在伽莫夫和斯
特恩的书中，在不止一部电梯的情况下，他们也得
出了相同的结论。

数年之后，唐纳德·克努特❶发表了一篇文
章，验证了即使首先到达的电梯经常是从楼层多的
方向来的，这个概率也是会改变的，并且电梯的数
量越多，这个概率越趋近于50%。所以永远不要

---

❶ Donald Knuth，计算机科学泰斗，被誉为"人工智能之父"。

太相信自己的直觉。

我们把数学理论中的电梯知识过渡到现实生活中来，就会发现一个很有趣的现象。当一栋大楼的电梯数量超过一部的时候，管理电梯的软件非常智能，能让我们花费更多时间在等电梯上。假设你现在在地下停车场的地下3层，有两部电梯分别停在地上的1楼和4楼，然后你按了电梯。下来的电梯是停在4楼的那部，它下来需要花费多一倍的时间，为什么会这样呢？停在1楼的那部电梯是怕下来会碰上脏东西而不愿意下来吗？原因其实蛮无聊的，因为更多的人会从1楼的大门进来，所以电梯的程序设定电梯更偏向于停在1楼。谁知道呢，说不定什么时候就突然有一大群人从门口进来，最好不要让这么一群人等电梯等太久，而如果是一个人在等电梯，等久一点也没关系。或者假设一下，你在6楼，想坐电梯下去，有两部电梯，一部电梯在5楼，另一部在3楼。你按了电梯之后，5楼的电梯开始往上走，3楼的电梯往下走，而电梯在你面前

停下来之后又继续向上升，那么很有可能是2楼的
人按了上来的电梯，8楼的人按了下去的电梯。这
样的话，对于大家来说等待的时间都是最合理的，
虽然某个人可能要等得更久一些。（悄悄告诉大家，
我觉得这就是有的电梯只有停在1楼时才有楼层指
示灯的原因，等电梯的人看不到楼层指示，就不会
生气了。）最后要记住的是，数学可以帮助我们减
少等待的时间，而心理学可以更有效地帮助我们减
少感知的时间。据说在一家公司里，很多人都抱怨
电梯运行得很慢，后来公司在电梯口装上了一面镜
子，人们便开始对着镜子整理仪容，不再抱怨等电
梯的时间太久了。真是很机智的做法，对不对？

公交车

　　20多年前，我上班要搭2路车。这条线本来应
该并入都灵的有轨电车网络，但是因为资金问题，
一直没有实现。这条线上的公交车不少，但是烦人

的地方在于，经常是2辆公交车，甚至有时是3辆公交车一起来，这并不是因为公交车怕寂寞，也不是公交车的发车时刻表安排得不好，而是统计学上的一种必然规律。

假设这条线路的公交车每5分钟发车一次。在理想状态下，乘客到达车站的间隔时间是规律的，交通状况没有问题，并且有绿波作为交通指引。好吧，要想让两个方向都有绿波的话，需要打造一个完美的城市，精确地计算出主要的十字路口的距离，那么所有公交车都有相同的交通灯序列。然而，我们生活的这个世界并不是那么完美的。有可能有一辆SUV挡住了去路，公交车驾驶员不得不急刹车，然后刚好错过一个绿灯；又或者在某个车站有很多人等着上车，又浪费了一点时间。结果，对比起原来的行驶时刻表，公交车慢慢开始延迟了。公交车迟到越久，等的人就越多，那么公交车延迟的时间就越来越长，这就意味着后面的那辆公交车载的乘客比较少，因此可能提前，加上前面的公交车又延迟了，所以2辆公交车会碰到一起。这时，2辆公交车一起就像1辆公交车一样，你会发现前面的公交车上挤得水泄不通，而后面的公交车则优哉游哉。这样的话，2辆车就会一起延迟，一直到有第3辆公交车加入它们的队列。

理论上的这些东西是可以无止境地继续下去的，但是现实中公交车起点站和终点站之间的路程是有限的，因此公交车队列的数量也是有所限制的。出现公交车队列的情况和悖论无关，这涉及统计学的简单应用。公交车发车的频率越高，形成公交车队列的可能性就越大。如果公交车每半小时才发车一次，那么第2辆车几乎不可能追上第1辆车，不过这可苦了乘客了。

不过，当公交车队列中有3辆公交车的时候，就会产生关于等待时间的悖论；如果只有2辆公交车，那就不存在这个问题。想象一下，原本是隔15分钟就有1辆公交车通过，现在你面前突然停了3辆公交车，后面2辆公交车和第1辆公交车间隔1

分钟,而等到第4辆公交车的话就需要43分钟了,这第4辆公交车又会成为新的公交车队列中的第1辆。假设公交车站台是弧形的,乘客看不到远处的交通工具。如果你到站台时刚好有1辆公交车已经走了,那么你觉得你是会在短时间内等到第2辆还是什么都等不着呢?

第一种情况很好计算,你有1/3的机会能碰上3辆车,1/3的机会碰上两辆车,等1分钟,还有1/3的机会要等43分钟,那么平均下来需要等15分钟;而第二种情况就完全不同了,有43/45的可能会刚好错过3辆公交车,那么平均等待时间应该是等待时间的一半,即43/2=21.5分钟。当然啦,还有另外两种情况,只需要等待半分钟就可以了。不过这个可能性太小了,平均等待时间还是21分钟。总之,是赶上公交车比较好还是没赶上比较好呢?这可说不准,不过你可以说服和你一起等公交车的人啊!

走走停停

对我来说，听Isoradio❶上的路况播报就是一种折磨，就连其他跟我一样热衷于听老歌的听众都会这么觉得，听歌的时候经常被一条条路况播报打断。比如，"交通缓慢"并不意味着你需要在原地等上1小时，不用去考虑这些路况播报经常比实际的情况要延迟，要认同这一点可以说是一种信仰了。2千米长的队伍可能实际上有10千米，也可能实际上根本没有堵塞，就好像那些车凭空消失了一样。有时，汽车就像人走路一样慢腾腾地开了几十分钟，然后又突然加速，就像没有看到路上的交通事故或者其他小事让马路变得更窄了一样。毫无疑问，当车通过了比较窄的路段时（如果这条路上只有一个车道，那刚开始进入也是一样的），车流就开始畅通了。那什么时候会开始不堵呢？我们真的

---

❶ 意大利无线电台。

要假设那些障碍物都不存在吗？答案还是要从数学中找，并且这次答案要比第一眼看上去的简单得多。

我们先从单车道的交通堵塞开始假设。所有的汽车都以80千米每小时的速度在前进，2辆车之间的空当很小，没办法挤进别的车。总之，这条路上的车辆已经达到饱和状态了。这时，突然有人因为某种原因减速了，我们都很乐观，觉得应该不是因为发生了事故。所有的车辆都停下来了，两辆车之间的距离缩小到只有十几厘米了。从高处看就会发现物理学里面的"冲击波"现象，尽管这里并没有"冲击"——车开得越慢，车距就越小，越来越小的车距比起车流的移动速度来说是向后的。当第1辆车离开后，后面的车也会跟着开始加速，如此一来，冲击波就不存在了。不过，第2辆车也需要一定的反应时间来察觉已经有空位了，因此2辆车的距离又会变大，看起来就像交通状况突然之间得到缓解一样。高速公路上必然会出现的冲击波事件是，当一个自作聪明的人觉得旁边的车道行驶时速比自己快2千米时，就会变道，然后一群人会因为他变道而减缓速度，造成堵塞，如此便产生了冲击波。

道路上的车辆过载也会导致高峰时段的交通堵塞，原因很简单。假设绿灯亮1分钟，这段时间可以通过20辆车，错过就要再等上1分钟红灯才能等到下一个绿灯。那么这条道路的运载能力是每分钟10辆车，或者说是每小时600辆车。如果这些车以连续的车流通过路口，那么就算有车碰上了红灯，也能很快通过下一个绿灯。要是换成每分钟通过11辆车会怎么样呢？那在第一次绿灯之后会有2辆车要停下来等下一个绿灯，第二次之后就会增加到4辆，直到10分钟后所有的车都需要等上2分钟才能等到绿灯。更糟糕的是，假设在这个路口后面还有个岔路口比较小，绿灯亮75秒，每分钟可以通过25辆车而不是20辆车，当这些车到达这个路口的时候，就算这个路口是绿灯，它们也不得不等上一段时间（当然了，这在意大利是个例外。意大利人喜欢把车停在路口，这样就挡住了对面方向的车流，不过数学上就不讨论这种情况了）。

如此我们便研究完了单车道的交通变化状况，这算是最简单的车道情况了，就像一个链条里最薄弱的一环。即使路上的车辆还没超过这条路的运载能力，到最后也会有"绿波"——这也是一种冲击波的形式。要做到这个可不容易，不仅要控制交通灯的速度使得道路的运载能力不要过载，因为要考虑到绿灯突然变亮时驾驶员的反应速度，还要记住车辆是在两个相反的方向上行驶的，在这边道路上设置的"绿波"对于另一边来说可能就变成"红波"了，即便是在垂直道路的最佳情况下也是这样。早期建立起来的新城市里可能保证主要路口的距离足够，使得相对方向的车辆都是"绿波"。实现这个最简单的做法是让所有的交通灯同时跳转颜色，并且计算好到达下个路口时刚好亮绿灯的时间，不过我们还可以做得更好一些。然而这在我们的城市里是行不通的，市民们可以有针对性地调整部分交通灯（在意大利，人们经常这样做），要么让大家都不满意，要么就只满足某个方向的车辆，通常来说是通往郊区的方向。情况不是最佳的，但是数学可以帮助改善，只是魔术帽里最后能成功变出兔子而已。

漫步

假设现在是周五晚上，天马上要亮了，你很确定没有喝太多酒，但是不知道怎么回事，你发现自己在码头的堤坝上，舷梯很窄，要么往前走，要么往后退。于是你朝着陆地走去，但是你的意识很模糊，往前走和往后走的概率是一样的。那么你是可以成功走到岸上然后去洗个冷水澡来清醒一下，还是一直来回走直到醒酒为止？

醉汉走路这个例子是很典型的一维漫步的例子。我们可以用掷硬币来模拟一下，正面朝上记为

+1，反面朝上记为－1，然后画一张图来表示，这样我们就能在纸上得到这次实验的结果，横轴表示次数，纵轴表示掷硬币的结果。由于明显的对称原因（物理学家总说的），在一定时间后，还是在原点，移动的距离是0。也就是说，不管选的是正面朝上还是反面朝上，都不会赢也不会输。

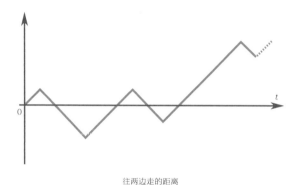

往两边走的距离

不过，一个有趣的问题是，在 n 步之后，距离原点的距离是多少？为什么跟我们刚刚讲的不一样呢？很简单，假设有一群醉汉，他们走得歪歪扭扭的，有的往这边走，有的往那边走。像我们刚刚所说的，一段时间后，有一半的醉汉在那边，一半的醉汉在这边，两边互相打平了，但这并不等同于所有的醉汉都回到了起点。醉汉中的很多人会停在那里，他们当中的一些人已经走了一段距离了，现在我们想知道的就是他们走的距离的绝对值的平均值是多少。

这个时候我们需要用到中心极限定理，在 n 步之后，距离原点的平均距离是 $\sqrt{2n/\pi}$。这直接导致了一些必然的推论，如果有足够的时间，那么就能到达所有整数值的地方，不对，应该说可以到达无穷大的地方。即使我们离起点非常非常远了，还是可能回到原点，甚至继续往回走——只要醉汉们在"赌场"上输了以后不着急就行了（如果赢了的话，他们就会继续下去，因为对于他们来说那天就是好手气）。讲到赌场的话，就算真的存在绝对公平的游戏，玩了一段时间之后，只要你不是比尔·盖茨，你还是会输得一塌糊涂！实际上，人们赌钱时的本钱肯定是比赌场要少的，所以很容易就把钱输光，就算偶尔能赢得比本钱多的钱也还是一样。

那么如果是在多维的场景里（移动的方向可以有多个，除了前后，还可以左右、上下移动，或者在四维里，谁知道还能向什么方向移动）会发生什么呢？那醉汉们的移动轨迹就五花八门了。如果是在二维的环境里，步子很小时，运动轨迹和布朗运动很像，这个不奇怪，是由随机的碰撞产生的运动轨迹。有趣的是，在二维的平面上，运动的分子迟早都会回到原点。而在三维的环境里，情况就完全不同了，有约1/3的概率（非得较真的话就是34.05%）会回到原点。换句话说，外星人E.T会迷失在太空里也不奇怪，如果他是在做随机移动的话。要是你的朋友和你在商场里走散了的话，最好的解决办法不是去研究他走的路线，而是在原地等他来找你。当然了，他不能用同样的策略来等你。

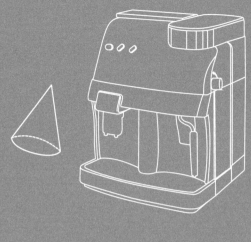

第五章

电脑和标准

脑海中的万年历

我们现在用的历法有个问题：无法很快确定一个具体的日期对应的是星期几。不仅仅每月的第1天是不同的星期，更糟的是一年有52周零一天（闰年的话是52周零二天）。这样的话，每过完一年，我们就要换一下桌上的台历。对于台历的生产商来说，最值得高兴的就是他们不用去考虑那些固定日子的节日，比如复活节，他们可以根据每年的不同情形来提供14种类型的台历。与其等着别人重新改造日历以方便我们的生活，不如我们自己通过记忆让日期和星期精准地匹配。著名的数学家约翰·何顿·康威❶便发明了一种方法，利用最后的判决日来计算某天是星期几，从1582年10月15日（格里高利历❷的第一天）开始。

---

❶ John Horton Conway, 英国著名数学家。
❷ 即现在通用的公历。

这个操作分为三步：首先是年度的计算，其次是世纪的计算，最后是真正的万年历计算。康威发现每个月都有一个特殊的日期，这些日期对应的星期数是相同的，这便是判决日（其在意大利的日/月记法和美国的月/日记法中都具有特殊的有效价值）。这些判决日便是4/4、6/6、8/8、10/10和12/12。总之，是除了2/2之外的双月成对数字。而在单月中则有着特殊的日子：5/9、9/5、7/11和11/7。对此，康威建议我们可以想象"在7-11便利店中朝九晚五工作"来帮助记忆。而在剩下的3个月份中，判决日显得有些奇怪——在2月份和3月份，判决日是3月1日的前一天，也就是2月28日或2月29日；而在1月份，4年中有3年是在1月3日，剩下一年是在闰年的1月4日。了解了一年中的所有判决日之后，我们可以通过一些记忆训练来找不同的日期。

2014年的判决日对应的日期是星期五，那么2015年的就是星期六，2016年的则是星期一。就实际用途而言，我们可以到此为止了。如果想计算任意一个年份的判决日，比如告诉一个孩子他的出生日期对应星期几，那么就有点复杂了，需要用到两位数的除法。以下是详细的计算方法：假设是在2015年，取年份的最后两位数，即15，用15除以4得3余3，去掉余数，把被除数和商相加，再加上常数2，那么总和就是20。用20除以7，得到余数6。某一年的判决日的计算方法便是看这个余数，如果最终的余数是0的话，那么判决日便是星期天；余数是1的话，便是星期一，以此类推。我保证，只需要一点点的小训练，大家就能很快在脑子里进行这些运算。

那万年历呢？只需要知道每个世纪中的一些特殊数字就可以了。奇妙的是，每400年，所有的日期对应的星期数便会重复一次。如此，我们只要记住以下几个特殊的数字就可以了——对于1600，2000，2400…来说，特殊的数字是2；对于1900，2300，2700…来说，特殊的数字是3；

对于 1800，2200，2600…来说，特殊的数字是 5；而对于 1700，2100，2500…来说，特殊的数字是 0。如果大家想简便一点，尤其是对于 20 世纪的日期来说，可以以 20 年来计算。每 20 年就有 5 个闰年，那么需要加的数字就是 20+5=25。此时 7 的最大倍数是 21，余数是 4。比如，约翰·列侬于 1980 年 12 月 8 日去世，通过对年份的计算得到 16（80 年等于 4 个 20 年），对于 20 世纪，需要再加上常数 3，那么按照之前的算法就能算出余数是 5，判决日中 5 对应的星期数是星期五，那么 12 月 12 日就是星期五，因此可以得出 12 月 8 日是星期一。

最后一个关于日历的问题：塞万提斯和莎士比亚都是于 1616 年 4 月 23 日去世的，他们俩谁去世得早一些呢？答案是塞万提斯，因为英国那时使用的还是儒略历，要比西班牙的格里高利历（即现在的公历）晚上十几天。

A4纸

对于许多意大利人来说，A4是都灵和的里雅斯特之间的高速公路。不过也有很多人知道，A4是打印时常用的一种纸张。这两个名字之间有什么关联吗？除了都是作为标准来使用以外，二者之间没有任何联系。A4号高速公路中的编号4是为了区分不同的高速公路，而字母A只是代表"Autostrade"（高速公路）这个单词而已。意大利高速公路的命名也不存在任何的规划，这个编号是随机的。比如，A2和A17是不存在的，而大环状路（环绕首都罗马的一条高速公路）被编为A90，但是又被称为A–GRA。而A4纸的话，情况就完全不一样了。

一张纸、一本书、一份报纸，全部都是矩形的（少数情况下当我们拿到正方形的纸张时都会觉得有点奇怪）。不过这些用的是什么类型的矩形呢？

人们很快会想到黄金矩形，因为其长宽比就是数学上的常数 ϕ（黄金分割率，略大于 1.6），并且黄金分割一直是公认的最佳比例。然而，凡事都有例外，黄金矩形通常是在水平方向上看的，如果我们旋转一下，把长和宽调换，就会觉得很不习惯。事实上，美国所规定的纸张大小或多或少都和这个有关，他们称之为"legal size"（8.5 英寸 × 14 英寸）。我相信这是为了预留足够的空间给人们添加脚注用，因此 legal 标准的纸张看起来会更加扁平。

然而，德国人则更想把事情做好。早在 1786 年，德国科学家格奥尔格·克里斯托夫·利希滕贝格[1]就发现，当纸张的长宽比为 $\sqrt{2}:1$ 时，纸张会更有竞争优势——把纸张对折，可以得到跟原来纸张形状类似的两张纸张。20 世纪初，这种想法又被重新提出来，就在 1922 年，在超级通货膨胀前，魏玛共和国定义 A4 纸张为 DIN 476 标准（德国标准），后来慢慢传开了。意大利在 1939 年通过了这

---

[1] Georg Christoph Lichtenberg，德国亲英派科学家和讽刺诗作者。

个标准。到了1975年，其被定义为ISO 216，成为全球标准。目前，这个标准已经在世界范围内被接受了，不过有一个例外：美国（也包括加拿大和墨西哥，加拿大则完全不存在标准，而墨西哥似乎更倾向于使用美国的标准）。

毫无疑问，最基本的规格是A0，除了规定的长宽比为$\sqrt{2}:1$之外，纸张的面积为1平方米。从A1开始，到A2、A3等，每种规格的纸张面积都是前一种的一半。因此，一张A4纸的面积是1/16平方米，1平方米的A4纸重80克，那么一张A4纸的质量就是5克，我们在讲述关于费米的问题时也提到过这个。但是纸张里面不止有A类纸，还有B类和C类，B0纸张的标准长度是1米，而C类纸张的规格则介于A类和B类之间，常用于信封，这几类纸张相邻两个编号的差距都是一半。后来瑞典人还很夸张地增加了D、E、F和G类纸张呢！

最后一个问题：大家有没有试过把一张纸对折成3等份塞到信封里？到目前为止，最简单的方法就是在纸张的边缘画几条细纹，标记出折痕。不过在紧急情况下，为了避免大家气急了把纸揉成一团，可以按照下面给出的图示折纸。把短边分成四部分，然后沿着一个角和对边第三条折痕之间的连线折过去。这条新的折痕会在纸张1/3和2/3处的地方与垂直方向的第一条和第二条折痕交叉。大家可以试一试，也可以不试，我只是提醒你，要记住相似三角形的性质。

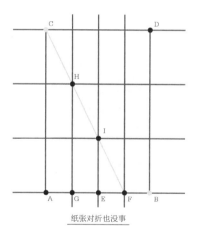

纸张对折也没事

不要相信压缩过度的文件

我刚开始频繁出入网吧的时候（那是十几年前的事了），还很少有人谈论压缩文件——人们不是想要用尽可能少的空间，而是数据存储的介质很有限并且昂贵，我的第一张软盘（大家应该都知道软盘是什么,对吧？）的存储容量是1.44兆字节。但是数据连接还是很有限并且很贵，因此诞生了首批具备存储功能的程序。老实说，在初期的井喷式发展之后，理论发展便停滞不前了，直到20世纪80年代之后都没有出现新的压缩技术。另一方面，有时候会有人研发出新的算法，能减少文件压缩后所占用的空间。令我意外的是，总是有很多人相信类似的报道，并且认为有人研发出了前所未有的文件压缩技术。

然而，要证明不存在永远有效的文件压缩技术是很容易的一件事。也就是说，不存在能压缩所有文件的技术。事实上，一个文件里包含了成千上万个字节，还有代表0或1的各种基本算符。我们随便选择一个二进制数值，比如1000位，那么可能存在多少个1000位的文件呢？结果很快就能计算出来。1位上有2个可能的值，2位上也有2个可能的值，以此类推到1000位。由于不同位彼此之间相互独立，所以需要把这些2个可能的值进行相乘——一共有2^{1000}种可能。那么可能存在多少个少于1000位的文件呢？ 1位代表一个0或1，那么2位就有4个可能（"00"、"01"、"10"和"11"），3位有8种可能，以此类推。如果大家愿意的话，还可以加上0位时的一个文件。大家可能会问：既然什么东西都不包含，那可能是什么东西？那么我会回答：那个东西就是信息。因为不存在两个互相独立的0位文件（既然两个文件里面都是什么东西都没有，那么怎么可能是两个不同的文件呢？），所以0位的文件数量是1。现在我们来计算一下文件数量：总数是$2^{1000}-1$，也就是说比1000位的文件数量少1个。数学家们可能会很高调地宣称：如果把$n+1$个东西放到n个抽屉里，那么至少有一个抽屉里有2个或以上的东西——"抽屉原理"。在我们所举的这个案例中，我们会发现，不管我们用何种方法把原始文件和压缩文件联合起来，都会剩下一个无处安放的文件；这还不算那些最短的文件，这些文件应该和至少1000位的文件相连接。

　　经过这样的分析之后，可能会有人问压缩文件的操作原理是怎么样的，并且文件压缩技术这一块已经做得挺好的了。很简单——我们真正感兴趣的文件到最后会被压缩到只剩下"一点点"。还是用1000位的文件举例，也就是125个字节——实际上是空的。我们之前已经通过计算得出2^{1000}，谁也不知道写出来有多少位，但是我们知道这个数字真的非常大。为了让大家有个概念，我们可以想象在整个宇宙中，以电子、质子和中子为例，每个粒子都有自己的"宇宙"，而组成这些"宇宙"的粒子也有着自己的"宇宙"，然后去算这些"宇宙的宇宙的宇宙"的数量。这样计算出来的结果才比较接近 2^{1000}。总而言之，可能产生的文件数量是我们难以想象的，而我们计算出来的结果也只是冰山一角而已，这个演算是建立在所有文件都是随机产生的基础上的。而在实际生活中，我们只会考虑对我们有用的文件，不管随机产生的文件。而且，要是有人跟你说用随机数生成了一个压缩文件，那么你可得当心了，因为如果真的生成了这样的文件，那么所谓的随机数就不再是随机数了。

最后补充一下，我记得有很多种不同的压缩方法，对音频、视频和图像的压缩效果会更好，只要想一下我们过渡到数字电视的时候，单个模拟信号通道可以同时插入8个数字通道就可以了。这其中的窍门在哪里呢？很简单，这里面用到的是失真压缩技术，即压缩过程中会去掉部分无用的信息。也就是说，当我们在听MP3时（也就是解压，大家比较难察觉，因为是直接通过播放器来实现解压的），我们听到的不是原始的文件内容；同样，

JPEG 文件中也不是包含了所有原始的颜色。这个对于文本文件来说是很重要的，想象一下，当你完成一个文学作品，压缩之后，发现最终呈现的文字跟原来不一样时会怎么样。但是对于多媒体文件来说，情况就完全不一样了。（据说男性只能看到17种颜色。当然了，这是个段子。）没有人能识别出电脑屏幕上的几百万种颜色。同时，考虑到我们的眼睛善于辨认出色调上的微小差异的事实，我认为，"五十度灰"只能在畅销书的书名中看到。唯一重要的是要注意不要夸大压缩的因素，否则很容易造成颜色失真或者和声不协调，虽然对于部分歌唱家来说，后面这种情况比较难发现。

万无一失的密码

加密的概念大家都知道，但是大多数人不知道如何进行操作。没错，我的意思是开车的时候也不需要知道内燃机是如何运作的，尽管在驾校里已经学过了；同样的道理，我们可以信任那些实行加密的人来进行安全的密码交易。然而，当阅读所谓的被黑客破译的加密方法时，这个词本身就具有完全相反的含义：任何对文件实施破解的人都是破坏者。也许有人想问为什么没人能创建一个完全安全的密码系统，除非解密密钥被盗。也许是因为这样的方法是不可能的？并不是，大家都知道一个世纪前就有完全保密的系统了，并且在五十多年前就证明了这个系统是不可破解的，实施起来甚至不难。那是什么阻碍了这个系统的使用？

这要追溯到2000年前的恺撒密码。据说，恺撒把所有的字母都移动了3位来替代原来的字母，A变成D，B变成E，C变成F，以此类推，到了Z又从A开始。这样，恺撒的名字（Caesar）就变成了Fdhvdu。这种系统被命名为"单字母等距替换"，其安全性很低，充其量可以用作《解密》[1]中的一点小娱乐而已，甚至《解密》的规则更复杂，

---

[1] Settimana Enigmistica，意大利周刊。

因为一个数字可以对应任意一个字母。不过我想，在恺撒那个年代，密码不需要做得太复杂，简简单单的就足够了。真正的飞跃出现在1586年，维吉尼亚发明了多字母替换。这个系统包含26个密码，一个密码对应字母表中的一个字母。比如，钥匙（chiave）这个单词，输入C时使用密码表对应的字母，输入第二个字母H时也是一样，以此类推，当输入完成时再重新从第一个字母开始，那么我们最终得到的结果可能是chiavechiavechiave……

对比起简单的加密方法，维吉尼亚密码有着很明显的优势：破坏原文中字母的频率信息。在意大利语中，E、A、O、I是出现频率很高的几个字母，而Q是较少出现的辅音字母，通过细致的研究便能很容易地破译出原文。而改变所有字母的密码之后，这种方法就不奏效了。不过，比较有恒心和严谨的密码专家拿到一篇长密文的时候，可以尝试不同长度的密钥，看看什么结果与意大利语中字母的统计分布一致。

在第一次世界大战中，人们认为可以使用很长的密钥对文本进行加密，这样的话就没办法进行数据统计了（不过这种想法在几十年前就被提出了）。这种系统在1919年被认证为Vernam密码，使用其中一位发明者的名字进行命名，不过它还有个更出名的名字：一次一密密码。之后，克劳德·香农——统计信息论的创始人——从信息论的角度证明了在满足以下两个条件的时候，这种密码体制在理论上是不可破译的：密码从未使用过且是随机产生的。第一个条件保证了破译者对于频率的研究是无效的，第二个条件保证了每个明文得到密文的概率是相同的。

不过这里有两个小漏洞：密钥不仅要足够长使得所有的信息都能被加密，而且要确保收件人在收到消息之前通过其他渠道得到密钥的信息。想一想在网上做交易之前，我们要先找到网站的管理员取得密钥。这就是互联网上使用公钥系统的原因，理论上是无法证明其不可破解的，但是在实际使用过程中是可以实现的，而且不需要实现交换密钥。总之，除了一些特殊情况，绝对完美的加密系统在现实生活中是不实用的。我知道这个消息很令人沮丧，就好像说"手术很成功，但病人还是不幸去世了"一样。数学并不总是有用的。

为什么CD不会响

历史的演进又把时尚带入了一个轮回，回到了33又1/3转唱片统领的时代——"可恶的黑胶唱片"，就像我之前给它们取的名字一样。买了黑胶唱片的人都坚称其音质比CD好太多了，更不用说音乐作品的死对头MP3了，这简直就是跨国公司的阴谋，不想让人们听到真正的音乐有多好听。我并不是想故意卷入这场舌战中。15年前我玩摇滚的一些朋友给我听了一些Sgt. Pepper's的歌曲；我保证，在黑胶唱片中能听到一些CD中听不到的声音。不过这种差距并不是由数字技术和虚拟技术造成的，而是灌制唱片过程中的劣质工艺所导致的。另一方面，与唱片不同的是，有划痕的CD不会响，这是为什么呢？

　　首先，显而易见的是，原则上，数字测量的大小，即分配有限数量的值，比类似测量的精度要小，可以假设无限不同的值。而在实际过程中则有一点小区别，比如，3.1415926厘米和3.1415927厘米之间的差异非常小，即使使用放大镜也看不见，也没有人可以将这两个长度和 π 区分开。在声音的例子中，接受数字技术既有数学上的原因，也有生理上的原因。有一个定理——采样定理——指出，如果最大频率的声音为 N 赫兹，那么计算每秒至少 $2N$ 个样本，就有可能重现该声波。这个理论很简单，因为没有人能听到频率高于2万赫兹的声音。如果每秒钟超过4万次，那么CD的标准就需要达到44100——这个我们已经可以达到了。可惜的是还存在一些实际问题。首先，必须准确计算出这些点的声音的值，因为这个也会被数字化；然后必须过滤声音以消除过高的频率，否则它们将被交换到较低的频率。我认为CD的质量往往比黑胶更糟糕，这是因为灌制过程中使用的不是最优的过滤器，但我承认我没有证据能证明这一点。我不过是一个数学信仰主义者。

不难解释为什么CD上的划痕不是太大的话，声音不会被改变。关键在于不仅仅有对应于声音的值被放置在CD上，还添加了一些控件，这些控件用于识别错误，在划痕不多的时候可以纠正错误。这些技术的数学理论在20世纪40年代产生了巨大的推动力。当时，随着第一个数字处理器的出现，这种理论开始被运用起来。之前，我们研究了如何估计最大误差，模拟测量需要什么；但是，如果有人唱歌的时候，有一个音调在频率上与正确的音符有一点不同，只有那些有很好听力的人会意识到这位歌手有点跑调，而如果你把一个0和一个1的声音编码互换，谁知道会发生什么。

那么可以做些什么呢？我们还可以添加其他

值（可能也会被错误地接收，请记住!），使其尽量偏离原始数据。这就像试图识别一个目标上的一些点，这个目标比邮票还小，我们知道它贴在墙上。我们不再需要精确地指出它，只要接近你想要的点，然后取最接近你想要的点。虽然我们浪费了一定空间，但我们可以获得一定的安全边际。

事情并不像我所描述的那样简单：一方面，要验证需要多少数字才可以保证纠错；另一方面，在现实世界中，也必须考虑到划痕位于CD某个特定的位置。因此最好将二进制数字与值相匹配，这样每个部分的错误总数就会减少。你想利用一下沿着凹槽运行的唱头吗？

隐写术

先澄清一下：隐写术与速记没有任何关系。它们可能有很多相同之处，就像维基百科的英文语音中所规定的那样。事实上，两者都是记录手段，这在它们的命名规则中显而易见，但在速记的情况下会省略很多内容，其中使用的一些字符是用于保持讲话者的节奏的，看不懂这些符号是正常的，因为它们没有被转换为正常的文本。隐写术是另一回事，这是从希腊语的"秘密、被遮盖、不可穿越"（它是希腊语"屋顶"的词根）一词演化而来的，而这个词的本义是把要写下来的东西隐藏起来，不让其他人看到。

隐写术有着很古老的历史，最早是公元前5世纪，希罗多德在讲述德马拉托斯的时候提到的。他在书案上刻了一条信息，然后用蜡覆盖了它，写了一篇不同的文字。另外，他还在一个伊萨斯的奴隶的光头上文了一条信息，当奴隶的头发长起来之后，这条信息就被隐藏起来了。我不相信后面的这个故事，古代并不像21世纪那样疯狂，但等待几周的时间让头发长长还是太过了。此外，众所周知，希罗多德并没有去利用他手上的资源……

无论如何，为了减少被发现的可能性而隐藏某些东西的想法已经延续了几千年。然而，"隐写术"这个词是1499年才被创造出来的，它是修道院院长约翰尼斯·特里特米乌斯的一本书的书名，这简直就是天赐良机——因为明显是一篇关于魔法的论述，不过里面主要描写的还是隐写术。这本书引起了轰动，特里特米乌斯试图销毁所有的手稿，但没有成功。这本书随后成为地下畅销书，并且是必读书目之一，被认为具有很高价值。另一种适合于印刷书籍的技术是由弗朗西斯·培根构想出来的：在文本中使用两种类型的字符，用今天的话来说就是两种字体，不过这有点不同——只阅读第二种类型的字符，就可以发现真正的信息。

这些隐写术的技巧是"业余的"，因为没有形成一个框架。简而言之，每个用户都能发明一个个人系统，然后去应用。然而，自1985年以来，情况突然发生了变化：多亏了计算机（要是你想说怪它也可以）。有了计算机，不仅可以更容易地提取需要提取的文本，而且它还提供了无数隐藏文本的

地方！作为文本的基础，这个被用于很多地方，从
eBay 上的虚假广告到博客帖子，但最完美的隐写
术是音频文件和图像，因为没有人能注意到其中细
微的颜色或声音的差别，来获取真正的信息。在实
际生活中，大家从单个图像开始，选取那些最不重
要的字节——也就是编码生成的隐写术——并将它
们替换为我们真正需要的文本。结果是不言而喻
的：即使有人知道这个图像包含了一个隐写的消
息，检索隐藏的文本也仅仅是工作的第一部分！所
有的文本实际上都是在早期加密的。如果它是不可
读的，为什么还要隐藏它呢？很简单，如果有人看
到加密的信息，即使他不知道写的是什么，他也会
产生怀疑；如果别人看不见它，那就什么事也没有
了。但是，隐写术真的在实践中使用过吗？我只是
让你知道：网络是如何被猫咪照片所淹没的。

大数据的影响

大家都在谈论大数据。有人也知道它是什么：使用计算机的稳定力量及其生成的超大数据来做出超出一般统计分析的预测。在这种情况下，我们需要仔细地选择样本，并且有可能丢失掉基本信息。大数据的其中一个口头禅是"N=all"：样本是基于整个种群的，不会遗漏任何东西。大数据分析的成功故事之一是谷歌的流感趋势项目：通过对搜索引擎的关键词研究来预测流感，这比疾病控制和预防中心的预测速度还要快，因为后者必须等待医学报告并进行收集处埋，而谷歌则可以检索到与流感疫情相关的实时研究并给出答案。令人遗憾的是，3年来谷歌的流感趋势都是错误的，即使是在2013年的疫情中，其结果也几乎是实际流感病例的2倍。如果我们够坏的话，我们可以说，这些预测只是在时间上被修正了，因为我们需要在这个问题上

发表第一篇文章，然后利用"巧合效应"使它轰动
一时。

这是否表明大数据只是一个广告，并没有什
么实际意义？并不是的。例如，我们可以为电脑
中的国际象棋游戏编录无数种算法，凭借这些数
据，电脑击败了最好的象棋大师。自从加入纯粹
的数据分析支撑后，自动翻译和语音识别已经取
得了巨大的进步，不过其中没有任何的语义知
识。简而言之，这是一件好事，但它显然还不是
那么好。可能会有哪些问题？以下是一些可能的
假设。

第一个是统计学上的：电脑的数据分析对于大
数据检索模式是简单的关联模式而不是因果关系，
即事件之间的关联。如果A和B经常在一起，可
能A是B的原因，也可能A是B的结果，还可能A
和B是另一个未知事件C的影响因素，或者它们是
一起发生的。但是，在最初的几年里，搜索关键词
造成的偶然性关联比较多，现在情况已经完全不同

了。然而，对我来说，这个假设似乎有点过于简单化了。的确，谷歌的流感趋势所使用的一些检索方法乍一看不太可能，但是里面的很多关键词都是很有必要的，而人们往往察觉不到为什么它们会这么重要。

第二个假设认为这些数据是不够的，或者至少是需要再调整的。根据《科学美国人》中的一篇文章，谷歌的一位女发言人称："我们每年都会审查谷歌的流感趋势模型，看看如何改进它。"上一次更新是在2013年10月。很明显，要找到谷歌搜索和流感流行之间的最初相关性，有必要绘制出关于疫情暴发的官方数据的观察报告——也就是过去的数据。然而，只有相对较短的时间才能提供足够的数据来支持大数据基于的假设，也就是说，可用的数据非常多，可以在不使用统计技术的情况下找到相关性。因此，考虑到同时获得的新数据，我们必须重新校准算法。虽然这个假设乍看起来很诱人，但仔细看后，我们便会发现它是毁灭性的。事实

上，如果我们没有办法评估大数据的大小，以确保
我们能够得到好的结果，那么使用它们的意义是什
么？我们会发现自己处在足球教练的处境中，教练
们会说："如果球队赢了，那就是我策略得当；如
果失败了，那就是球员没有好好采用我的策略。"
那我也能做出这样的预测。

还有第三种假设，在某种程度上，对于大数据
模型来说更糟的是用户反馈的干预。公众已经开始
了解谷歌流感趋势的算法（好吧，不是算法本身，
而是它的存在和它的构成），这导致搜索受到影响。
换句话说：谈得越多，就越糟糕。举个简单的例
子：如果我听到很多人谈论YouTube上最新的超
火视频，我就会忍不住想去看，然后这个视频就更
火了。要计算反馈的干预造成的影响来校准算法，
这个方法不是一直有效的。自20世纪以来，阿弗
雷德·洛特卡（Alfred J. Lotka）和维托·沃尔泰
拉（Vito Volterra）一直在研究捕食和被捕食的
关系。他们发现，对于一个包含超过5个物种的生

态系统，从数学上说，这个生态系统会很快进入混乱，也就是人口的增长不可预测。艾萨克·阿西莫夫❶在他的"基地系列"小说中引入了"心理史学"的概念，并预测了大数据的有用性，对此进行了很好的解释。在他的《第二基地》中，他的研究方法是银河系沿着哈里·谢顿（Hari Seldon）的轨迹，这应该是不为人知的，"这样就不会干扰方程式"。简而言之，对于大数据模型来说，确保有足够多的数据是不够的，还要保证没人知道该怎么使用这些数据。不知道大家怎么样，反正我对这个是感到有点担忧的。

最后，我的观点比较实际，可以用"足够好"来概括。大数据运用得很好，甚至比我们在测试之前想象的要好得多。"神奇"一词就可以概括了。我可以用谷歌翻译《中国日报》上的文章，并得到不完全准确的结果，但如果我要完全准确的翻译结果的话，我自己就需要付出很多劳动。如果你喜

---

❶ Isaac Asimov，美国科幻小说作家。

欢的话，尽管我不是母语为英语的人，但我翻译的意大利语比谷歌翻译的要好，这意味着什么？我的感觉是，只要我们处在一个非常有限的领域，机器就会毫无问题地战胜我们，而我正在等待最好的玩家将是一台计算机的时刻；但在大多数情况下，我们要利用我们的自然智能，再加上计算机智能，才能获得真正有用的结果。21世纪初通过纯粹的统计方法对人工智能的研究，与20世纪的"找规律"方法相比，是一个巨大的进步，但在我看来，它已经走到了尽头。即使不是几十年，我们也会有好几年的全球效应与大数据相关联，但要想取得真正的突破，我们必须等待天才发明一种完全不同的方法。

另外，关于艾萨克·阿西莫夫和他的"基地系列"，我应该补充说明，谷歌流感趋势模型没有预测到2009年与甲型H1N1流感病毒有关的"流感"。不过，我并不觉得应该怪罪谷歌不会预测，因为这种流感是特殊的，同往常不一样，所以模型失败是正常的。同样的情况也发生在"好医生"系列小说里，骡子的突然出现，都是单个不可预测的事件，就像纳西姆·尼可拉斯·塔雷伯的"黑天鹅效应"一样，其产生的后果更是不可预测。

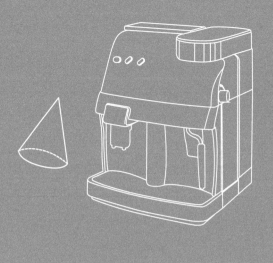

延伸阅读

下面列出了本书涉及的一些资料。其中，维基百科包含大量的链接，其英语版本可能并不是最翔实的，但通常是数学之旅的一个良好起点。

第一章　算术

负数乘以负数（得正还是得负）

如果你更喜欢使用"手动"方式来查看符号规则，你可以拿一张卡片，在颜色一栏，按照Treccani网站上的程序进行操作。

当心平均数！

关于统计分布的更多例子，可以到热那亚大学的MaCoSa网站进行查询。

去九法

可以搜索"*Larte de labbacho*"进行查看。另外，还可以参看Rudi Matematici提供的另外一种解释方法。

臭名昭著的"数"

可在On the Theory of the Transfinite一文中查看Cantor和Franzelin提供的英文版本（原

文为德语）。

对超数有兴趣的朋友可以查阅Donald Knuth的著作*Surreal Numbers*，或者查看Roberto Zanasi的相关博客。

是不是1

关于实数的论述可以参看0.999999…=1这篇文章。关于无穷数的论述可以参看0.999999…≠1这篇文章。

对数

在关于Intuitive Use of Logarithms的讨论中可以找到比较全面的论述。

增长得太快了

可参看An Intuitive Guide To Exponential Functions & e一文。

第二章　悖论、概率及预测

做不到千分之一

在Gerd Gigerenzer完成的著作*Quando i numeri ingannano*中可以看到详细的论述，该

书2003年于米兰出版。

两个信封的悖论

参看维基百科中有相关论述。

彭尼游戏

此小节中涉及的许多概念可以在Yutaka Nishiyama 和Steve Humble的文章Winning Odds 中找到。

辛普森悖论

参看维基百科中的解释。

另外两篇相关的文章：P. J. Bickel、E. A. Hammel和J. W. O'Connell的Sex Bias in Graduate Admissions：Data From Berkeley（在 "Science" 一节中，187，4175，pp.398‑404， 1975）；When Combined Data Reveal the Flaw of Averages.

本福特定律

可在维基百科等中找到详细的解释。

维基百科有多重

在Lawrence Weinstein 和 John A. Adam的
*Più o meno quanto？*一书中可以找到相关资料。

关于费米问题可以参看维基百科。

中心之争

参看维基百科的解释。

关于票数的更多论述可以参考Georges
Szpiro的*La matematica della democrazia*。

第三章 游戏

加倍？想得美

关于圣彼得堡悖论，可参看维基百科。

轮盘赌怎么赢？

可参看维基百科中关于"轶"的解释。

最"差"的人赢了

参看维基百科伊斯内尔与马胡特比赛的记录。

把纸牌翻过来

Roberto Zanasi的*Un punto fermo*一书做了
详细的阐述。

公平和偏私的骰子

参看维基百科中关于"不可传递骰子"的解释。

秘书选择

参看维基百科中关于秘书问题的解释。

第四章　畅游

再建一条高速公路真的有用吗

参看维基百科中关于交通道路的解释。

旁边的队伍永远比较快

参看Krugman's'who's zoomin who' traffic paradox一文。

我朋友的朋友比我多

参看The Anatomy of the Facebook Social Graph一文。

难以捉摸的电梯

参看Rob Eastaway和Jeremy Wyndham的 *Coppie, numeri e frattali. Altra matematica nascosta nella vita quotidiana* 一书。

公交车

参　看Rob Eastaway和Jeremy Wyndham

的 *Probabilità, numeri e code: La matematica nascosta nella vita quotidiana* 一书。

走走停停

参看 Eastaway 和 Wyndham 的 *Probabilità, numeri e code* 一书。

漫步

参看维基百科关于随机漫步的解释。

第五章　电脑和标准

脑海中的万年历

参看维基百科中关于判决日法则的介绍。

Rudi Mathematici 的 *Di 28 cen è1* 电子书中有其他介绍。

A4 纸

参看维基百科中关于纸张格式的介绍。

可参看关于 How can a piece of A4 paper be folded in exactly three equal parts? 的讨论。

不要相信压缩过度的文件

参看 endlesscompression 网站。

万无一失的密码

参看维基百科关于一次性密码本的介绍。

为什么CD不会响

参看维基百科关于采样定理的介绍。

参看30 Aprile 1916–Buon Compleanno,Claude!一文。

隐写术

参看萨勒诺大学网站关于隐写工具的说明。

大数据的影响

参看谷歌网站流感趋势模型。

参看《科学美国人》的报道：Google Flu Trends gets it wrong three years running。

参看《自然》杂志的文章：When Google got fluwrong。

参看谷歌网站流感趋势模型的可能性分析。